薄膜微带电路工艺技术

白浩 王平 主编

西安电子科技大学出版社

内 容 简 介

薄膜微带电路是卫星电子设备、机载电子设备、移动终端、通信基站、测试仪器等所必需的重要组成部分。本书系统介绍了薄膜微带电路的制作流程、关键制成工艺、常见质量问题及解决方法等,是编者多年从事薄膜微带电路制作、测试和试验所积累经验的汇总。

本书共12章,主要内容包括绪论、真空技术、常见基板表面成膜方法、薄膜电路基材、常用薄膜材料、光刻、电镀金、薄膜电阻、外形加工、薄膜工艺中的其他重点技术、薄膜电路常见质量问题及注意事项、薄膜微带电路质量检验方法。

本书可供薄膜电路工艺、薄膜电子材料、薄膜电路设计等领域的科技人员以及高等院校相关专业的师生学习参考。

图书在版编目(CIP)数据

薄膜微带电路工艺技术 / 白浩,王平主编. —西安:西安电子科技大学出版社,2020.10(2025.1重印)
ISBN 978 - 7 - 5606 - 5874 - 2

Ⅰ. ①薄… Ⅱ. ①白… ②王… Ⅲ. ①薄膜集成电路 ②微波集成电路
Ⅳ. ①TN45

中国版本图书馆 CIP 数据核字(2020)第 181218 号

策　　划　臧延新
责任编辑　郑一锋　南　景
出版发行　西安电子科技大学出版社(西安市太白南路 2 号)
电　　话　(029)88202421　88201467　　　邮　　编　710071
网　　址　www.xduph.com　　　　　　　　电子邮箱　xdupfxb001@163.com
经　　销　新华书店
印刷单位　广东虎彩云印刷有限公司
版　　次　2020 年 10 月第 1 版　2025 年 1 月第 3 次印刷
开　　本　787 毫米×960 毫米　1/16　印张　10.5
字　　数　208 千字
定　　价　58.00 元
ISBN 978 - 7 - 5606 - 5874 - 2
XDUP 6176001 - 3
* * * 如有印装问题可调换 * * *

本书编委会

主编 白 浩 王 平

参编 曲 媛 张 楠 杨士成 徐美娟

王 峰 石 伟 韩 昌 黄海涛

雷 莎 宋丽萍

前　　言

集成电路的出现和迅速发展，标志着电子技术发展到一个新的阶段，也使得人类的生活和工作方式发生了翻天覆地的变化。伴随小型化、轻量化的趋势，集成电路已经成为当前电子设备实现的重要途径。从应用角度考虑，集成电路可以分为半导体集成电路、微波集成电路、混合集成电路等几种，而这些电路的制作过程均离不开薄膜工艺。可以说，没有薄膜工艺技术作为基础，也就没有集成电路产业如此迅猛的发展。

微带（Microstrip）是微波电路的一种，是近几十年来发展起来的一种微波传输线。根据选用基材和设计需求的不同，微带电路可以选用多种不同的工艺方法制作，如薄膜工艺、印制电路制作工艺、厚膜工艺等。薄膜微带电路工艺就是采用薄膜技术制作微带电路的一整套方法。

本书共分12章，讲述了薄膜的原理、薄膜电路的基材、薄膜电路的制造方法、薄膜电路的常见问题和解决方法等，主要章节内容安排如下：

第1章为绪论，从电子技术的发展引出了薄膜技术的重要性，并通过薄膜的简介与定义、薄膜的形成、薄膜的重要用途及产品应用几个方面，讲述了薄膜技术在基础专业领域中深远的意义与用途。

第2章从真空技术基础、真空原理、真空泵和真空镀膜设备几个方面出发，介绍了薄膜微带制作工艺技术中所涉及真空技术的基本理论和概念，以及真空获得设备的基础知识，还重点对基于真空技术的真空成膜设备构成和功能进行了介绍。

第3章介绍了蒸发、溅射、电镀和化学气相沉积等几种最常见的基板表面的成膜方法，以及这几种方法的特点与适用范围。

第4章介绍了薄膜微带电路制作所需的电路基材，提出了理想基材特性，并以氧化铝陶瓷为例介绍了基板特性对于设计的重要性。本章还介绍了陶瓷基板的制造方法和基材成膜前的处理方法。

第5章介绍了薄膜微带电路制作工艺中，导体材料、电阻材料、电容材料的材料特性与应用要求。

第6章重点介绍了薄膜微带电路制作工艺的关键工序——光刻，包括曝光源、掩模板以及关键材料——光刻胶的特点，以及光刻流程中的关键步骤和注意事项。

第7章重点介绍了薄膜微带电路制作工艺的重点工序——电镀金，包括镀金的重要意义、电镀金原理，以及薄膜电路中常用的镀金体系、电镀前处理和电镀金的过程控制方法。

第8章介绍了薄膜电阻，包括薄膜电阻器的形成、计算方法、温度系数以及其他指标，还包括阳极氧化、激光调阻等主要的薄膜电阻的调阻工艺方法以及工程应用中的一些经验。

第9章重点介绍了外形加工工艺，包括激光切割、打孔和砂轮划切工艺方法。

第10章至第12章主要从工程应用角度，分别讨论了薄膜微带电路的重点技术和电路制造的常见问题，还依据多年实践，给出了薄膜微带电路工艺的质量检验方法。

本书主要由薄膜微波电路制造专业的技术人员编写，其中，第1、2、3章由王平主笔完成，第4、5、8、11、12章由白浩主笔完成，第10章由白浩和王平共同完成，第6、7章由徐美娟、张楠、王峰、石伟、韩昌、黄海涛、宋丽萍等人联合完成，第9章由曲媛、杨士成、雷莎合作完成，全书的整体架构和最终的内容复核由白浩和王平共同完成。

本书对于 MIC(微波集成电路)、MMIC(单片微波集成电路)、MEMS(微电子机械系统)、LTCC(低温共烧陶瓷)以及 IC(集成电路)等相关专业的工艺技术都有不同程度的涉足。由于薄膜技术博大精深，应用领域非常广泛，书中难免存在一些疏漏和不足之处，恳请广大读者批评指正，不吝赐教。

编　者

2020 年 6 月

目　　录

第 1 章 绪 论

电子技术的发展日新月异。从 20 世纪初电子管的发明到晶体三极管的发明，到半导体器件、小型电子元件和印制板组装工艺的结合，再到近年来超大规模集成电路的广泛应用，每一次变革都使电子技术跨入一个新的发展阶段。

微波电路是电子学中的一个重要分支，其发展始于 20 世纪 40 年代，最早是由波导传输线、波导元件、谐振腔、微波电子管等组成，组成后的电路体积、重量较大。20 世纪 60 年初开始出现平面微波电路，它是由微带元件、集总元件、微波固态器件以及一些无源元件、器件制造在一块半导体或介质基片上的混合微波集成电路（Hybrid Microwave Integrated Circuit，HMIC）。MIC 即微波集成电路（Microwave Integrated Circuit）的英文缩写，是微波电路与基于薄膜平面工艺的集成电路制造技术紧密结合的结果。

微带（Microstrip）则是微波电路的一种典型传输线，经历了几十年的发展，在功能上类似于同轴线和波导，但是在轻量化、精细化控制、批量加工特性上却有着明显优势。微带电路最常使用薄膜工艺技术来制作，原因在于薄膜工艺整体上可以借助成熟的集成电路生产线来组织实施，在保证电路性能和批量生产降低成本等方面最具优势。

微波电路问世半个多世纪以来，发展迅速、应用广泛。其发展历程基本上类似于低频电路的发展历程，经历了由简单到复杂、由单层到多层、不断小型化和集成化的过程，如今微波电路已经向着系统级、多学科交叉等方向发展。

与厚膜混合集成电路相比较，薄膜电路的特点是所制作的元件参数范围宽、精度高、温度频率特性好，可以工作到毫米波段。当前，薄膜技术仍是制作微带电路的主流技术，它具有精度高、批次一致性好、可靠性高的优点。本章将针对薄膜微带电路的制作工艺技术展开详细介绍。

1.1 薄膜简介与定义

为了与厚膜相区别，人们通常把厚度小于 $1\ \mu m$ 的膜称为薄膜。但是随着技术的发展以及人们对工艺技术本身认识的不断深入，按照膜层薄厚来区分是否为薄膜工艺的说法逐渐不适用，现在通常把通过真空淀积技术形成的膜称为薄膜，采用光刻（减法工艺）形成电路图形的过程称为薄膜工艺。

　　薄膜微带电路主要由金属薄膜形成，因此本书针对金属薄膜展开介绍。由于薄膜的厚度在微米（μm）级甚至纳米（nm）级和埃（Å）级，其几何尺寸非常小，纳米效应比较明显，因此在机械性能、电性能等方面与块状材料有着显著差异。

　　将薄膜技术应用在微波电路制造领域，形成的微带电路或微波混合集成电路，就是我们目前所说的微波集成电路。实际上，用于微波领域的具有一定集成特性的电路都可以称为微波集成电路。通常意义上的微波集成电路一般指在陶瓷、玻璃、石英、铁氧体等衬底上，通过薄膜或厚膜工艺方法制作出传输线和其他无源电路，并在其表面表贴有源器件，由此组成的完整的微波混合集成电路。但在我们的实际生产习惯中，一般把衬底上的微带电路称为微波集成电路，把有源元件的焊接、组装过程称为微波电装。

1.2　薄膜的形成

　　不同金属的薄膜结构与性能相差甚远，如金层的熔点为 1063 ℃，导电性、延展性好，抗氧化，易于键合，而金属钽膜的熔点为 2996 ℃，电阻率高，导电性差。同种金属、不同制作工艺所得膜层的性能差别也很大，如溅射金层的颗粒一般为埃级或几十埃级，而电镀金层的颗粒一般在亚微米级别。金属层的性质不仅与金属自身的物理、化学性质有很大关系，同样与薄膜形成过程中的许多因素关系密切。因此，只有先讨论清楚了薄膜的形成问题，才能把薄膜的结构与功能弄清楚。

　　薄膜的形成方法有很多种，有主要依靠设备的真空蒸发镀膜、溅射镀膜、离子镀膜、化学气相沉积，以及对设备依赖少、制造成本相对较低的溶液镀膜（化学反应法、溶胶—凝胶法、阳极氧化、电镀以及 LB 制膜法等）等。虽然不同薄膜形成方法的原理不同，但在许多方面还是具有一定共性特点。下面就以最常见的真空蒸发镀膜为例来说明薄膜的形成过程。

　　当采用真空蒸发等 PVD（Physical Vapor Deposition，物理气相沉积）过程制作薄膜时，在一定的真空条件下，薄膜的形成一般可分为凝结过程、核形成与生长过程、岛形成与结合生长过程几个阶段。

　　凝结过程是薄膜形成的第一个阶段。凝结过程是通过一定机理从蒸发源或溅射靶上逸出的气相原子、离子或分子、原子团，在电场、磁场、重力等作用下入射到基片表面后，从气相转为吸附相，再转变成凝结相的一个相变过程。实际上，一个气相原子入射到基体表面上能否被吸附，是物理吸附还是化学吸附，都是一个比较复杂的过程。固体表面在晶体结构上有原子或分子间的结合化学键中断现象，这种中断键被称为不饱和键或悬挂键，它们具有吸引外来原子或分子的能力。入射到基体表面的气相原子被这种不饱和键或悬挂键吸引住的现象就称为吸附。如果吸附仅仅是由原子电偶极矩之间的范德华力起作用，称为物理吸附；如果吸附主要是由化学键结合力起作用，则称为化学吸附。

从蒸发源入射到基体表面的气相原子都有一定的能量，它们到达基片表面之后可能会有以下三种现象发生：

（1）入射气相原子与基体表面的原子进行了能量交换，被吸附在基体表面；

（2）吸附后，气相原子仍存在较大的吸附能，在基体表面短暂停留后再解吸蒸发（称为再蒸发或二次蒸发）；

（3）与基体表面不进行能量交换，入射到基体表面后直接反射回去。

薄膜的形成与成长有三种形式：① 岛状形式；② 单层成长形式；③ 层岛结合形式。大多数薄膜的形成与成长都属于岛状形式，即在基体表面上吸附的气相原子凝结后，因吸附原子在其表面上扩散迁移而形成晶核，晶核会结合其他吸附的气相原子逐渐长大成岛，岛再结合其他气相原子形成连续的薄膜。

1.3　薄膜的重要用途

薄膜因独特的力学、电学等性质，在工业上有着广泛应用。特别是金属薄膜，在电子材料与元器件工业领域占有极其重要的地位。在航空航天领域，薄膜技术以其优良的性能、良好的重复性、精确的电路尺寸被广泛使用，如用于微波通信、信号处理、电源控制等。

在电路基板上，良导体薄膜主要用于形成电路的图形线条，为电流提供传递的通道；特殊导体薄膜可以用于形成薄膜电阻，为微带电路提供集成电阻器件的功能；在基板上制作能够耐受焊料焊接的薄膜，可为微带电路板在装配过程中提供互联可行性；与基板材料具有良好黏合力的薄膜材料可以用于提升整个电路膜层与基板之间的附着力，保证微带电路的可靠性。因此，不同材料的膜层具有不同的特性，在薄膜电路中均能发挥其独特的作用。

1.4　产品应用

薄膜电路被广泛应用的主要原因是：相比于印刷电路板，拥有更小的线条尺寸结构、更高的图形质量和精度、更高的可靠性、更小的体积和更高的应用频段。几乎在每种军用系统、航天器产品或者通讯类产品中都有薄膜电路的使用，例如雷达、汽车点火装置、钟表、高速相机、接收发射系统、天线单元等。

医疗电子是薄膜电路的一个重要应用领域，该领域要求长期可靠性高、集成度高的产品，例如主要应用于生命支持和监护病人用的仪器、助听器、心脏起搏器等。医用混合电路必须通过非常严格的试验，为了植入人体必须足够洁净、可靠。

高速计算机行业和一些高频仪器设备行业也会用到薄膜电路，例如高频示波器、数据采集卡、矢量网络分析仪、数模转换器等。

　　薄膜电路在武器装备方面有很多的应用。在导弹的引爆控制电路、手持式武器、潜艇导航装置等领域频繁用到薄膜电路。

　　薄膜电路也大量应用于航空航天领域。在美国，薄膜电路最大的使用客户是生产航天器的美国航空航天管理局(NASA)，因为薄膜电路可以减小体积、提高可靠性，在航天器的收发组件、调制模块、变频组件、功率部件、滤波器单元中应用广泛。

第 2 章　真 空 技 术

2.1　真空技术基础

工业界所谓的真空，是指低于一个大气压的气体空间，它指的是一种物理现象。同正常的大气相比，真空是比较稀薄的气体状态，即使在 $P=1.3\times10^{-11}$ Pa(1×10^{-13} Torr)，$T=293$ K这样很高的真空度的空间内，仍然存在着大量的气体分子，此时气体分子密度 $n=4\times10^{3}$ 个/cm^3，因此在现实生活中难以获得绝对的真空。所谓的真空都是相对的，绝对的真空并不存在，通常所说的真空只是一种"相对真空"。

在真空技术中，对于真空度的高低，可以用多个参量来度量和表征，最常用的是"真空度"和"压强"。此外，也可以用气体分子密度、气体分子的平均自由程、形成一个分子层所需的时间来表征。压强越低，则单位体积中气体分子数越少，真空度就越高。在薄膜制作领域，真空的度量单位通常用压强来表示。

压强采用的法定计量单位是帕斯卡(Pascal)，简称帕(Pa)。但是在实际工程应用和国外文献中经常会见到另外几种压强单位：Torr(托)、mmHg(毫米汞柱)、bar(巴)、atm(标准大气压)、psi(磅每平方英寸)。其中，标准大气压的定义为在 0℃水银密度 $\rho=13.595\,09$ g/cm^3、重力加速度 $g=9.806\,65$ m/s^2 时，760 mm 水银柱所产生的压强为 1 标准大气压，用 atm 来表示，与其他压强单位的换算关系如下：

$$1\text{ atm}=760\text{ Torr}=1013.25\text{ mbar}=1.013\,25\times10^{5}\text{ Pa}$$

一般情况下，为了研究真空和实际应用方便，把真空划分为低真空、中真空、高真空、超高真空和极高真空五个等级或区域。薄膜沉积过程采用的真空度一般在高真空(1×10^{-1} Pa 以上)范围。

在薄膜沉积的真空环境下，密闭真空腔体里的气体分子仍处于不断的运动状态中，它们相互之间和器壁之间无休止地碰撞，有的沉积在底面基板上和器壁上，参与薄膜的形成过程。本底真空度越高，则气体分子越少，沉积到基板和器壁上的气体分子也越少，杂质分子的出现概率会相应减少，制作出的薄膜纯度也就越高，如表 2.1 所示。

表 2.1　不同真空下的物理特性

真空等级＼物理特性	低真空	中真空	高真空	超高真空	极高真空
压强范围/Pa	$10^5 \sim 10^2$	$10^2 \sim 10^{-1}$	$10^{-1} \sim 10^{-5}$	$10^{-5} \sim 10^{-9}$	$< 10^{-9}$
气体分子密度/(个/cm³)	$10^{19} \sim 10^{16}$	$10^{16} \sim 10^{13}$	$10^{13} \sim 10^9$	$10^9 \sim 10^5$	$< 10^5$
平均自由程/cm	$10^{-5} \sim 10^{-2}$	$10^{-2} \sim 10$	$10 \sim 10^5$	$10^5 \sim 10^9$	$> 10^9$
气流特点	(a) 以气体分子间的碰撞为主；(b) 黏滞流	过渡区	(a) 以气体分子与真空室内壁碰撞为主；(b) 分子流；(c) 已经不能按照连续流体对待	分子间的碰撞非常少	气体分子与真空室内壁碰撞频率较低
平均吸附时间	气体分子以空间飞行为主			气体分子以吸附停留为主	

2.2　抽真空原理

简而言之，真空的获得就是一个抽气以减少空间中存在的气体分子数量的过程。对一个特定的真空系统来说，不可能得到绝对真空，而是具有一定的压强，称为"极限压强"或"极限真空"，这是该系统能够达到的最低压强。抽气的原理很多，有利用机械力压缩和排除气体，有依靠蒸气喷射的动量把气体带走，有利用溅射或升华形成吸气、吸附排除气体，还有利用低温表面促使气体分子冷凝物理吸附。

对于抽真空，还要考察的是抽气速率，即在规定压强下单位时间所抽出气体的体积，它决定了抽真空所需要的时间。影响抽气速率的因素包括真空腔体的容积、空气中水汽含量、抽气所使用真空泵的能力、真空室材料及产品材料的放气特性。如果真空室中用到较多数量放气特性的材料，如环氧玻璃布，则抽气速率会明显下降。

2.3　真　空　泵

真空泵是一个真空系统获得真空的关键。表 2.2 列出了常见的几种真空泵的排气原理、工作压强范围、典型气体的抽速以及通常能获得的最低压强。各类泵图示如图 2.1 所示。各种真空泵的性能比较如表 2.3 所示。

表 2.2　常见真空泵特性

分类	细分	工作原理	极限压强范围	说明
机械泵	油封机械泵(单级) 油封机械泵(双级) 分子泵 罗茨泵	利用机械力压缩和排除气体	0.1 Pa	旋片式机械泵因噪声小、运行速度高,应用最为广泛
蒸气喷射泵	水银蒸气扩散泵 油扩散泵 油喷射泵	靠蒸气喷射的动量把气体带走	10^{-3} Pa	运行可靠性相对较差
干式(无油)泵	溅射离子泵 钛升华泵	利用溅射或升华形成吸气、吸附排除气体	10^{-8} Pa	启动压力为 10^{-2} Pa
	吸附泵 冷凝泵 冷凝吸附泵	利用低温表面对气体进行物理吸附,达到排除气体的目的	10^{-8} Pa	

表 2.3　各种真空泵的性能比较

真空泵种类	工作压强范围/Pa	启动压强/Pa
活塞式真空泵	$1\times10^{5}\sim1.3\times10^{2}$	1×10^{5}
旋片式真空泵	$1\times10^{5}\sim6.7\times10^{-1}$	1×10^{5}
水环式真空泵	$1\times10^{5}\sim2.7\times10^{3}$	1×10^{5}
罗茨真空泵	$1.3\times10^{3}\sim1.3$	1.3×10^{3}
涡轮分子泵	$1.3\sim1.3\times10^{-5}$	1.3
水蒸气喷射泵	$1\times10^{5}\sim1.3\times10^{-1}$	1×10^{5}
油扩散泵	$1.3\times10^{-2}\sim1.3\times10^{-7}$	1.3×10
油蒸气喷射泵	$1.3\times10\sim1.3\times10^{-2}$	1.3×10^{5}
分子筛吸附泵	$1\times10^{5}\sim1.3\times10^{-1}$	1×10^{5}
溅射离子泵	$1.3\times10^{-3}\sim1.3\times10^{-9}$	6.7×10^{-1}
钛升华泵	$1.3\times10^{-2}\sim1.3\times10^{-9}$	1.3×10^{-2}
锆铝吸气剂泵	$1.3\times10\sim1.3\times10^{-11}$	1.3×10
低温泵	$1.3\sim1.3\times10^{-11}$	$1.3\sim1.3\times10^{-1}$

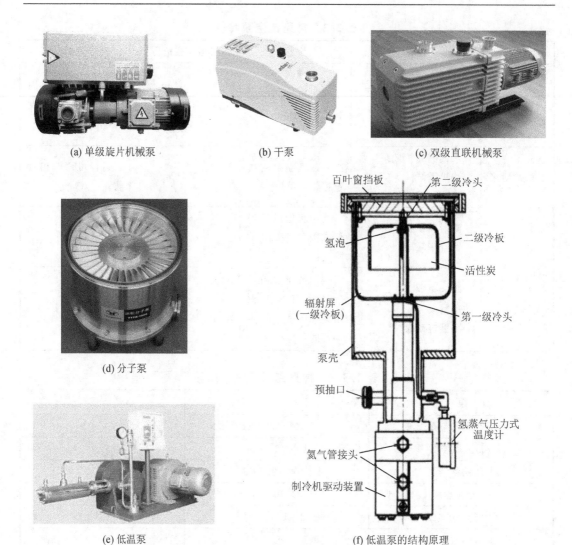

(a) 单级旋片机械泵　　　　　　(b) 干泵　　　　　　　(c) 双级直联机械泵

(d) 分子泵

(e) 低温泵　　　　　　　　　　(f) 低温泵的结构原理

图 2.1　各类泵的图示

选用何种真空泵，要针对具体应用具体分析。低真空一般采用旋片式机械真空泵，高真空泵可以选用涡轮分子泵、干泵、低温泵和油扩散泵。对于污染比较敏感，要求洁净、高可靠镀膜条件的应选用低温泵。对于生产效率要求高的情况，可选用涡轮分子泵。油扩散泵属于早期使用的高真空泵，由于存在返油现象，容易污染真空室，因此近年来已很少使用。

2.4 真空成膜设备

真空成膜设备是利用真空条件进行镀膜的设备，是一个复杂的、具有一定制造功能的真空系统。这类设备由真空部分与功能部分两大系统组成，其中真空部分包含有真空腔室、获得真空的设备(真空泵)、测量真空的器具以及必要的管道、阀门和其他附属设备；功能部分则包括电源部分、电气控制部分、气体流量与压力控制部分、冷水水循环装置等。真空镀膜设备包含有机械、真空、电、气、热等多种部件，因此结构十分复杂。在这些部件的精密配合下，可以实现在洁净的真空环境下薄膜材料的高质量沉积。

典型的真空成膜设备可分为 PVD(物理气相沉积)设备和 CVD(化学气相沉积)设备两大类，其中 PVD 设备又分为蒸发(热蒸发、电子束蒸发等)设备和溅射(二级或三级、四级溅射、磁控溅射、共焦溅射、对向靶溅射、射频溅射、反应溅射、偏压溅射、离子束溅射、非平衡溅射等)设备，CVD 设备则包括 PECVD、LPCVD、MOCVD 等不同工艺类型的 CVD 设备。

PVD 设备中最具代表性的是蒸发和溅射两大类设备。蒸发设备采用真空加热蒸发原理，使金属原子或分子在自由重力作用下，沉积在基板上(第 3 章将详述)。溅射设备则是采用溅射原理，利用惰性气体粒子轰击金属靶面，使靶材的金属离子逸出，以一定动能沉积在基板上。

蒸发设备有电阻蒸发设备、离子束蒸发设备和激光蒸发设备。从结构形式上分，有自上而下的钟罩式蒸发台，也有自下而上的蒸发设备。而溅射设备的形式更加多样，有自上而下的钟罩式，也有侧向溅射的箱式和直线运动的隧道式，此外还有直线式、盒到盒及带预抽真空室类型的。图 2.2～图 2.4 是几种常见蒸发设备的图示。

图 2.2 蒸发镀膜设备

图 2.3　箱式溅射镀膜设备

图 2.4　隧道式溅射镀膜设备

　　无论在薄膜沉积上，还是在薄膜电路制作全过程中，真空镀膜设备都是关键设备。因为，良好的真空镀膜设备是制作薄膜的先决条件。只有首先获得了厚度均匀、结构致密、与基板附着良好、应力适中的薄膜，才有可能开展其他工作。因此，造价动辄上百万的真空镀膜设备一般被看作精密、大型、贵重和关键设备，也是薄膜电路生产线的主要成本构成因素。

　　真空成膜设备是薄膜微带电路制作中必不可少的设备之一，设备的发展史也就决定着成膜工艺技术的发展史，如图 2.5 所示。

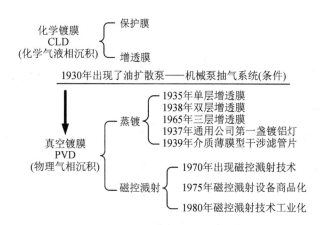

图 2.5 成膜工艺的历史发展

考察一台真空镀膜设备的好坏，一般要看几个方面：一是设备真空能力的强弱，看其能否快速、稳定地获得需要的真空，主要考察极限真空度和真空室的泄漏率；另一方面是考察电源输出的稳定性和气体控制系统即质量流量计的状态好坏。此外，还需要考虑基片运动方式、加热方式、工作过程的稳定性、冷却水路设计等诸多因素。

在实际生产中，真空镀膜设备在运行中往往出现抽真空能力下降、电源输出不稳定、气体控制系统不稳定、电磁或气动阀门开关失灵、加热系统不稳定、基片夹持机构运动失控以及控制软件故障等问题。这些问题的出现，往往是由于机械、电气、加热系统及控制软件之间配合出现问题造成的，很多时候只是个别部件的接触不良或故障，但要查找故障点却并不简单。

为了避免真空镀膜设备出现重大故障，影响整体薄膜电路的生产进度，需要在平时做好设备的维护保养，并做好设备正常和故障状态的各种参数的记录。

第3章　常见基板表面成膜方法

　　在薄膜微带电路的制作中，基板表面的成膜既是第一道工序，也是关键的工序之一。成膜过程用到了许多技术，如蒸发、溅射、离子镀、溶液镀、CVD 等。下面对应用比较多的蒸发、溅射、溶液镀进行简要介绍，以便于对后续内容的理解。

3.1　蒸　发　薄　膜

3.1.1　蒸发原理

　　蒸发是比较传统的成膜方法，又叫真空蒸镀，其原理为在真空环境下，通过加热蒸发某种物质，使其原子或分子从表面气化逸出，形成蒸气流，入射、沉积在基板表面，凝结形成固态薄膜，其原理如图 3.1 和图 3.2 所示。由于主要是通过加热蒸发材料而产生，所以又称作热蒸发法。这种方法最早由 M.法拉第于 1857 年提出，之后成为最常用的真空镀膜技术之一，用途十分广泛。从加热源来划分，可以分为电阻加热源、高频感应加热源和电子束加热源三种。

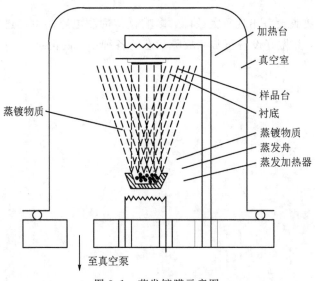

图 3.1　蒸发镀膜示意图

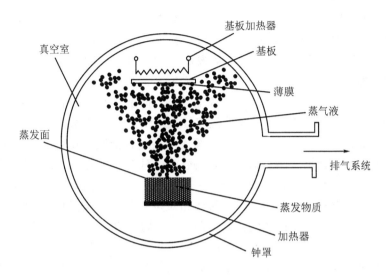

图 3.2 蒸发镀膜原理

3.1.2 蒸发过程

真空蒸发包括以下三个基本过程：

(1) 加热蒸发过程。此过程金属由凝聚相转变为气相(固相或液相→气相)。每种蒸发物质在不同温度时有不同的饱和蒸气压；蒸发化合物时，其组分之间发生反应，其中有些组分以气态或蒸气进入蒸发空间。

(2) 气化原子或分子在蒸发源与基片之间的输运，即这些粒子在环境气氛中的飞行过程。飞行过程中与真空室内残余气体分子发生碰撞的次数，取决于蒸发原子的平均自由程，以及从蒸发源到基片之间的距离，常称作源基距。

(3) 蒸发原子或分子在基片表面上的淀积过程，即蒸气凝聚、成核、核生长、形成连续薄膜的过程。由于基板温度远低于蒸发源温度，因此，沉积物分子在基板表面将直接发生从气相到固相的相转变过程。

蒸发过程必须在空气非常稀薄的真空环境中进行。如果真空度不高，则蒸发物原子或分子会与大量空气分子碰撞，使膜层受到严重污染，甚至形成氧化物，或者蒸发源被加热氧化烧毁，或者由于空气分子的碰撞阻挡，难以形成均匀、连续的薄膜。在实际生产中，由于蒸发设备的真空获得能力和保持能力下降，使得蒸发出的膜层质量不能满足使用要求，也就是源于这个原因。

真空蒸发出的薄膜厚度可以由几百埃到几微米。与其他真空镀膜技术相比，具有设备比较简单，操作容易，形成的薄膜纯度高、质量好，厚度可以比较准确地控制，沉积速率高，可沉积单质材料和不易热分解的化合物膜等优点。但是由于不容易获得结晶结构的薄膜，因此在基板上的附着力比较小，工艺重复性不高。

适合采用蒸发成膜的金属包括铬、金、银、铝等，而对于碳、钽、钨等难熔金属，由于它们自身熔点高，即使在高真空下，仍然需要高于 2000 ℃的温度才能实现。因此，这些金属薄膜的制备一般不采用真空蒸发，而是采用溅射等工艺方法。

近年来，真空蒸发的改进主要在蒸发源上。为了抑制或避免薄膜原材料与蒸发加热器发生化学反应，改用耐热陶瓷坩埚，如氮化硼（BN）坩埚；为了蒸发低蒸气压物质，采用电子束加热源或激光加热源；为了制造成分复杂或多层复合薄膜，开发出了多源共蒸发或顺序蒸发法；为了制备化合物薄膜或抑制薄膜成分对原材料的偏离，出现了反应蒸发法。

蒸发过程的一个重要控制因素是膜厚分布。基板上不同位置处蒸发的膜厚，取决于蒸发源的蒸发特性、基板与蒸发源的几何形状和相对位置及蒸发物质的蒸发量。镀膜过程中膜厚的分布情况，不仅代表着设备的精确控制能力，同时也是实际生产中确保生产合格率的重要因素。当蒸镀面积较大时，为获得镀层的膜厚有较好的均匀性，除了选择合适的蒸发源以及采用旋转基板架之外，还可使基板处于以蒸发源为球心的球面分布状态。这种分布是实际生产中的一种重要选择，因为无论采用静止还是旋转的球面体，其上的膜厚分布都比面积相同的平板情况有较好的均匀性。在实际生产中，为了得到比较均匀的膜厚分布，还必须注意蒸发源与基板的相对位置，或者使得基板在公转的同时自身也进行自转等。

目前的蒸发装置在设备结构设计上基本可以满足理想的蒸发条件：每一个蒸发原子或分子，在入射到基板表面上的过程中均不发生任何碰撞，而且达到基板后又全部凝结。在 10^{-3} Pa 或更低的压强下所进行的蒸发过程，与理想的蒸发过程是非常接近的。为了获得更均匀的膜厚分布，人们设计了不同形状的蒸发源，如点蒸发源（能够从各个方向蒸发等量材料的微小球状蒸发源）、小平面蒸发源、细长平面蒸发源和环状蒸发源。

3.1.3　蒸发过程的改进与创新

两种及两种以上元素组成的合金或化合物，在蒸发时如何控制成分，以获得与蒸发材料化学比相同的膜层，是一个重要的问题。蒸发材料在气化过程中，由于各成分的饱和蒸气压不同，因此其蒸发速率也不相同，会发生分解和分馏，从而引起薄膜成分的偏离。例如 Ni80Cr20合金，在蒸发时靠近基板的膜层为富铬状态，而在膜层的表面镍的含量则偏高。为了解决合金蒸发的成分偏离问题，经常采用瞬时蒸发法、双蒸发源和合金升华法等方法。化合物的蒸发一般采用电阻加热法、反应蒸发法、双源或多源蒸发法、三温度法和分子束外延（MBE）法。

比较新的蒸发法还有电弧蒸发法、热壁法和激光蒸发法。这些蒸发方法比较特殊，分别从不同方面对传统的热蒸发法进行了改进。如电弧蒸发法，针对普通电阻加热蒸发法存在加热丝、坩埚与蒸发物质发生反应，且有可能发生蒸发材料原子混入薄膜产品，以及难以蒸发高熔点物质等问题。电弧蒸发法属于自加热蒸发法，可蒸发包括高熔点金属在内的所有导电材料，能够简便快速地制作无污染的薄膜。电弧蒸发法的缺点是难以控制蒸发速率，且放电时飞溅出的微米级大小的电极材料微粒会对膜层造成损伤。

　　热壁法是人们对外延生长法的一种改良，利用加热的石英管等(热壁)把蒸发分子从蒸发源导向基板。与普通的真空蒸镀法相比，热壁法的最显著特点是在热平衡状态下成膜，在Ⅱ-Ⅳ族、Ⅳ-Ⅵ族化合物半导体薄膜的制备中收到良好的效果。但其缺点是可控性和重复性较差。

　　激光蒸发法是利用高能激光作为热源来蒸镀薄膜的一种新技术。激光光源可以采用二氧化碳激光、Ar激光、钕玻璃激光、红宝石激光及钇铝石榴石等大功率激光并置于真空室之外。高能激光束透过窗口进入真空室，经棱镜或凹面镜聚焦，照射到蒸发材料上，使之加热气化蒸发。聚焦后的激光束功率密度很高，可达到 10^6 W/cm²。钕玻璃激光、红宝石激光及钇铝石榴石等大功率激光产生的巨脉冲具有"闪蒸"的特点，许多情况下，一个脉冲就可以使膜层厚度达到几百纳米，沉积速率可以达到 10^4 nm/s～10^5 nm/s。如此快速淀积的薄膜具有极高的膜层附着强度，但也给稳定的膜厚控制带来困难，并可能引起材料过热分解和喷镀。因此，一般倾向于使用二氧化碳连续激光器。激光蒸发的优点很多，如可以以高蒸发速率蒸发任何高熔点材料，完全避免了来自蒸发源的污染，非常适合在超高真空下制备高纯薄膜，闪烁蒸发有利于保证膜成分的化学比，不易出现分馏现象。但其缺点是激光蒸发器比较昂贵，且并非能对所有材料显示其优越性。由于蒸发材料温度过高，蒸发粒子多易离子化，会对膜结构和特性造成一定影响，因此还有许多问题有待解决。采用激光蒸镀法已经进行了钛酸钡、钛酸锶、硫化锌、高温超导薄膜等化合物薄膜的制备，还在石英基板上成功制作了类金刚石薄膜，但目前的应用范围有限，暂不能在工业中广泛应用。

3.2　溅射薄膜

3.2.1　溅射原理

　　溅射这一物理现象是格洛夫(Grove)在1852年发现的，溅射镀膜是近年来应用非常广泛的镀膜技术，能用于制备金属、合金、半导体、氧化物、绝缘介质薄膜以及化合物半导体薄膜、碳化物及氮化物薄膜，乃至高 Tc 超导薄膜，已经在很多领域替代了传统的真空蒸发镀膜，得到了业内的一致认可。所谓"溅射"，是指在真空环境下，荷能粒子在电场的作用下，轰击固体材料的表面(靶)，使固体原子(或分子、原子团)从表面射出的现象。其定义十分形象，便于理解。射出的粒子大多呈原子状态，常称为溅射原子。用于轰击靶的荷能粒子可以是电子、离子或中性粒子。由于离子在电场下易于加速并获得所需动能，因此大多情况下采用离子作为轰击粒子，又被称为"入射离子"。这种镀膜技术又被称作离子溅射镀膜或者淀积。相反的，利用溅射也可以进行刻蚀。淀积和刻蚀是溅射过程的两种典型应用。溅射镀膜示意和原理分别如图3.3和图3.4所示。

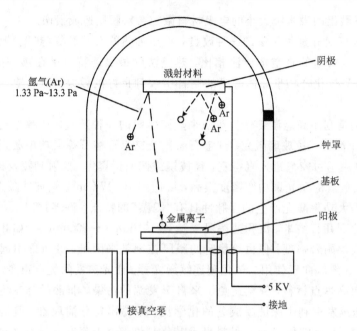

图 3.3　溅射镀膜示意

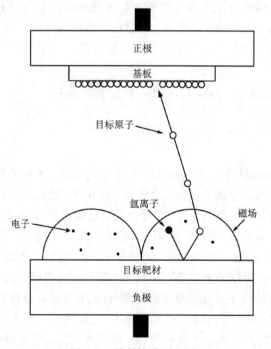

图 3.4　溅射镀膜原理图

与真空蒸发镀膜相比，溅射镀膜具有以下突出优势：

（1）溅射镀膜的可造材料范围广泛，无论是低熔点金属，还是高溶点金属，以及半导体、绝缘材料、化合物、混合物等材料只要能够加工成特定形状和尺寸的固体靶材，都可以作为溅射的原材料。由于溅射氧化物等绝缘材料与合金的过程几乎不发生分解和分馏，所以适合制备和靶材材料组分相近的薄膜和组分均匀的合金膜，乃至成分复杂的超导薄膜。此外，采用反应溅射法还可制备与单质靶材完全不同的化合物薄膜，如氧化物、氮化物、碳化物和硅化物等。

（2）溅射的膜层与基板之间的附着性好。由于溅射原子的能量比蒸发原子的能量高1 个～2 个数量级，因此，高能粒子在淀积过程中带给基板更大的撞击力，也有更高的迁移扩散能力，同时产生较高的热能，增强了溅射原子与基板的附着力。此外，一部分高能量的溅射原子将产生不同程度的注入现象，在基板上形成一层溅射原子与基板材料原子相互"混溶"的所谓伪扩散层。伪扩散层有助于溅射层与基板之间形成牢固的结合，提高膜层附着力。

（3）溅射膜层的致密性高，针孔少，且膜层的纯度较高，在溅射镀膜过程中，没有真空蒸发镀膜时无法避免的坩埚污染现象。

（4）溅射的可控性和工艺重复性好。由于溅射镀膜时的放电电流和靶电流可以分开控制，通过控制靶电流可以控制膜层状态。射镀膜的膜厚可控性和重复性都较好，能够有效地镀制预定厚度的薄溅射镀膜还可以在大面积上获得厚度均匀的薄膜。

溅射镀膜的缺点是溅射设备的构造复杂，需要高压装置，设备造价高；需要一次购置较大的靶材，靶材的利用率不高；溅射沉积的成膜速度低，相比真空蒸发镀膜的$0.1\ \mu m/min$～$5\ \mu m/min$，溅射镀膜的速率一般为$0.01\ \mu m/min$～$0.5\ \mu m/min$，相对较低。另外，在溅射过程中，基板受荷能粒子轰击而导致自身温升比较明显。此外，由于溅射气体分子掺杂入膜层中，膜层质量容易受杂质气体影响，但是，随着射频溅射和磁控溅射技术的发展，这些缺点已经有了很大改善。

前面提到，溅射镀膜基于荷能粒子轰击靶材时的溅射效应，而整个溅射过程都建立在辉光放电的基础上，即溅射离子都来源于气体放电。溅射是在辉光放电中产生的，因此辉光放电是溅射的基础。辉光放电是在真空度约为$10\ Pa$～$1\ Pa$的稀薄气体环境中，在两个电极之间加上高压时产生的一种气体放电现象。不同靶材在辉光放电状态下有着不同的辉光色彩。气体放电时，两个电极之间的电压和电流关系不是简单的直线关系。图 3.5 表示直流辉光放电的形成过程，也就是两电极之间的电压随电流的变化曲线。辉光放电的伏安特性曲线分为无光放电区、汤森放电区、过渡区、正常辉光区、异常辉光区和弧光放电区。溅射一般选择在异常辉光放电区内进行。

在气体成分和电极材料一定的条件下，起辉电压只与气体压强 P 和电极距离 D 的乘积有关。要达到起辉，电压有一个最小值。如果气体压强太低或阴阳极距离太小，会因为气体分子电离程度不足导致放电熄灭。而气压太高或者极间距离太大，二次电子会因为多次碰

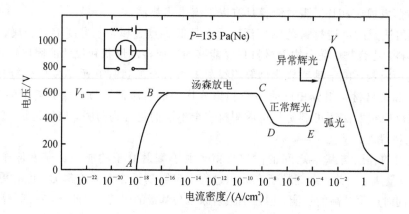

图 3.5　溅射成膜伏安特性曲线

撞而得不到加速, 也不能产生辉光。在大多数的辉光放电溅射过程中, 要求气体的压强低, 因此需要相当高的起辉电压, 而在电极间距小的电极结构中, 经常需要瞬时增加气体压强以启动放电。

根据所使用的电极形式、数量、靶位置、是否磁控、是否产生反应等, 有不同类型的溅射技术, 如二极溅射、三级或四级溅射、磁控溅射、对向靶溅射、射频溅射、反应溅射、偏压溅射、非对称交流溅射、离子束溅射、吸气溅射等。不同的溅射技术所采用的辉光放电方式是不同的, 直流二极溅射利用的是直流辉光放电, 射频溅射利用的是射频辉光放电, 而磁控溅射利用的则是环状磁场控制下的辉光放电。

3.2.2　表征溅射特性的参量

表征溅射特性的参量主要有溅射率、溅射阈值, 以及溅射粒子的速度和能量。溅射阈值是指使靶材原子发生溅射的入射离子必须具有的最小能量。实验结果表明, 溅射阈值与入射离子的质量之间没有明显的依赖关系, 而主要取决于靶的材料。对于处于元素周期表中同一周期的元素, 溅射阈值随原子序数的增加而减小。对于绝大多数金属来说, 溅射阈值为 $10\ eV \sim 30\ eV$。

溅射率是另一个人们比较关心的溅射特性, 也是描述溅射特性的一个最重要的物理参量, 它表示正离子轰击靶阴极时, 平均每个正离子能从阴极上打出的原子数, 又称溅射产额或溅射系数。溅射率与入射离子的种类、能量、角度及靶材的类型、晶格结构、靶材温度、表面形貌状态、溅射压强、升华热大小等因素有关, 单晶靶材还与表面取向有关。

实验结果证明, 具有六方晶格结构(如镁、锌、钛等)和表面污染(如氧化层)的金属要比面心立方(如镍、铂、铜、银、金、铝等)和清洁表面的金属的溅射率低。升华热大的金属要比升华热小的金属溅射率低。各种元素的溅射率如表 3.1 所示。

表 3.1　常用元素的溅射率

靶材元素	Ne+				Ar+			
	100/eV	200/eV	300/eV	600/eV	100/eV	200/eV	300/eV	600/eV
Be	0.012	0.10	0.26	0.56	0.074	0.18	0.29	0.80
Al	0.031	0.24	0.43	0.83	0.11	0.35	0.65	1.24
Si	0.034	0.13	0.25	0.54	0.07	0.18	0.31	0.53
Ti	0.08	0.22	0.30	0.45	0.081	0.22	0.33	0.58
V	0.06	0.17	0.36	0.55	0.11	0.31	0.41	0.70
Cr	0.18	0.49	0.73	1.05	0.30	0.67	0.87	1.30
Fe	0.18	0.38	0.62	0.97	0.20	0.53	0.76	1.26
Co	0.084	0.41	0.64	0.99	0.15	0.57	0.81	1.36
Ni	0.22	0.46	0.65	1.34	0.28	0.66	0.95	1.52
Cu	0.26	0.84	1.20	2.00	0.48	1.10	1.59	2.30
Ge	0.12	0.32	0.48	0.82	0.22	0.50	0.74	1.22
Zr	0.054	0.17	0.27	0.42	0.12	0.28	0.41	0.75
Nb	0.051	0.16	0.23	0.42	0.068	0.25	0.40	0.65
Mo	0.10	0.24	0.34	0.54	0.13	0.40	0.58	0.93
Ru	0.078	0.26	0.38	0.67	0.14	0.41	0.68	1.30
Rh	0.081	0.36	0.52	0.77	0.19	0.55	0.86	1.46
Pd	0.14	0.59	0.82	1.32	0.42	1.00	1.41	2.39
Ag	0.27	1.00	1.30	1.98	0.63	1.58	2.20	3.40
Hf	0.057	0.15	0.22	0.39	0.16	0.35	0.48	0.83
Ta	0.056	0.13	0.18	0.30	0.10	0.28	0.41	0.62
W	0.038	0.13	0.18	0.32	0.068	0.29	0.40	0.62
Re	0.04	0.15	0.24	0.42	0.10	0.37	0.56	0.91
Os	0.032	0.16	0.24	0.41	0.057	0.36	0.56	0.95
Ir	0.069	0.21	0.30	0.46	0.12	0.43	0.70	1.17
Pt	0.12	0.31	0.44	0.70	0.20	0.63	0.95	1.56
Au	0.20	0.56	0.84	1.18	0.32	1.07	1.65	2.43
Th	0.028	0.11	0.17	0.36	0.097	0.27	0.42	0.66
U	0.063	0.20	0.30	0.52	0.14	0.35	0.59	0.97

从实际生产情况看，为了保证溅射薄膜的质量和提高薄膜的淀积速度，应当尽量降低工作气体的压力和提高溅射率。

溅射原子所具有的能量和速度也是描述溅射特性的重要物理参数。一般认为，溅射原子的能量比热蒸发原子能量要大 1 个～2 个数量级，约为 5 eV～10 eV。大的能量可以保证溅射薄膜的附着力，也使得溅射薄膜具有许多蒸发薄膜不具有的优点。

3.2.3　溅射过程

整体上看，溅射过程包括高能气体粒子轰击靶材，溅射粒子逸出靶材、溅射粒子向基片迁移和粒子在基片上形成薄膜。溅射过程中，入射离子在与靶材的碰撞中，将动量传递给靶材原子，并使其获得的能量超过其结合能，造成靶材原子发生溅射。这是靶材在溅射时主要发生的一个过程。实际上，溅射过程十分复杂，当高能离子轰击固体表面时，还会产生如图 3.6 所示的离子溅射、中性反射、电子发射、气体解吸、辐射射线、溅射粒子的背反射等许多效应。

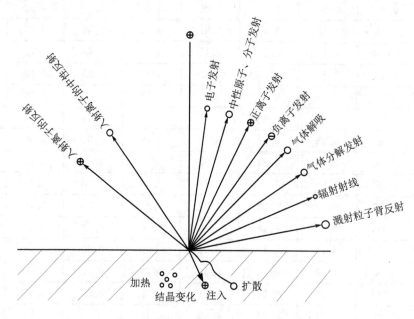

图 3.6　离子轰击固体表面所引起的各种效应

除了靶材的中性粒子，即原子或分子最终将淀积成为薄膜以外，其他一些效应会对溅射膜层的生长产生较大影响。这些离子轰击固体表面产生的各种现象，与固体材料种类、入射离子种类及能量有关，各自的发生几率也不相同。

在溅射粒子的迁移过程中，除了正离子因反向电场的作用不能到达基片表面以外，其余粒子均会向基片迁移。大量的中性原子或分子在放电空间飞行过程中，与惰性气体如氩气离子发生碰撞，导致有一个平均自由程的存在，也就是说，在平均自由程的范围内，溅射粒子受到的碰撞较少，能够保持较高的能量。而在这个自由程以外的距离，溅射粒子会因与工作气体分子的多次碰撞而显著降低能量。所以，靶与基片之间的距离，应该与溅射粒子的平均自由程数值大致相等。当溅射镀膜的气体压力在 10 Pa～10^{-1} Pa 的范围内时，溅射粒子的平均自由程约为 1 cm～10 cm。

最后，在溅射粒子的沉积过程中，沉积速率是重要的考虑因素。沉积速率是单位时间内沉积到基片上膜层的厚度。溅射速率越高，沉积效率越高。对于一定的溅射镀膜设备和一定的工作气体，提高离子电流可以有效地提高沉积速率。在不增高电压的条件下，增加离子电流的途径只有增加工作气体的压力。而当压力增高到一定值时，溅射率开始明显下降，其原因主要是靶材粒子的背反射和更多气体分子产生的更多散射。所以，由溅射率来选择气压的最佳值是适当的。

3.2.4　影响溅射膜层质量的因素与控制措施

溅射过程比较复杂，各种粒子会在该过程中向基片运动并掺杂到膜层中，因此从这方面来说，溅射薄膜的纯度是不如蒸发薄膜的。为了提高溅射沉积膜层的纯度，必须尽量减少沉积到基片上杂质粒子的数量，这些杂质的一个主要来源是真空室内的残余气体。通常情况下，会有百分之几的溅射气体分子注入淀积薄膜中。要降低残余气体的压力及提高薄膜的纯度，可采取提高本底真空度和增加送氩量的方法。

此外，溅射过程中也存在一定污染。只有尽可能减少污染，才能提高溅射薄膜的微观质量。要达到这一目的，首先要明确溅射过程的污染源。

（1）真空室壁和真空室中其他零件可能会吸附气体、水汽和二氧化碳，在辉光放电过程中的电子和离子的轰击作用下，这些气体可能会重新释放出来而造成污染。因此，可能接触辉光的一切表面必须在淀积过程中适当冷却，以使其在淀积过程的最初几分钟之内达到热平衡。在抽气过程中对真空室进行高温烘烤，这也是排除吸附气体的一个有效办法。

（2）在溅射气压下，扩散泵抽气效率低，扩散泵的回油现象比较严重，存在油蒸气进入真空室的可能性，也就存在污染的风险。在放电区与阻尼器之间进行某种形式的气体调节，可以较好地解决此问题。另外，将阻尼器与涡轮分子泵结合起来代替扩散泵，可以消除这种污染。

（3）基片表面的颗粒状物质会导致薄膜产生针孔，形成淀积污染。因此，淀积前应对基片进行彻底清洗，尽可能减少基片表面的污染物。清洗方法的选择主要基于污染颗粒的性质，如针对油脂颗粒采取除油，针对氧化物颗粒采取酸洗等。

上述三方面的污染源是溅射镀膜过程中最主要的污染源，采用上述措施后可以将薄膜的污染控制到可接受的范围。

　　污染控制对溅射成膜的微观质量影响较大，除此之外，在实际生产中，用户关心的还有宏观上膜层的质量。特别是对于微带电路制作而言，溅射薄膜的厚度是否在规定范围内，膜层是否易于后续腐蚀，是否与基板间有足够的附着力，是否适合后续金丝、金带的键合等，都是膜层质量囊括的内容。但是，溅射镀膜是个十分复杂的过程，一般用户也很难对其中机理研究得非常透彻，能够做到的主要还是对宏观参数的选择和控制。溅射镀膜需要控制的主要参数包括真空度、气体压力与流量、电源功率，此外基板温度、环境气氛、反应气体纯度也会对膜层质量有一定影响。这些参数既有一定独立性，又相互牵制、影响，彼此之间的适当权衡与选择需要深入研究、实验。应该说，考虑到生产实际，不仅要考虑膜层的质量，还要考虑生产效率与操作复杂度，绝对的"最佳参数"是难以取得的，只有最适合产品的参数。总体上，溅射膜层的控制措施有以下几个方面：

　　(1) 在工作效率允许的情况下，获得更高的真空度。高的真空度可以保证溅射镀膜的环境洁净，防止过多的杂质气体原子和分子进入膜层。当然，真空要求越高，对真空泵的配置要求就越高，获得真空的时间也就越长，会影响到生产效率的提高。一般情况下，2×10^{-6} Torr的量级可以获得较好的镀膜环境。

　　(2) 溅射功率的适当选择。原则上，为了减少溅射过程中杂质气体的进入，保证膜层的致密，应保持高的溅射速率，因此提高溅射功率是必要的。但是过大的溅射功率，不仅耗费能源，设备成本高，使得靶材过热，而且重要的是过大的功率会产生更大的膜层内应力，也会产生饱和现象，溅射速率也不会随功率继续上升。对于磁控溅射而言，功率密度在 1 W/cm^2 ～ 36 W/cm^2 是比较适当的。

　　(3) 选择溅射率高、对靶材呈惰性、价格低廉、纯度高的溅射气体，一般氩是较理想的气体。

　　(4) 注意溅射电压对膜层质量的影响。溅射电压不仅影响膜层沉积速率，还严重影响着薄膜的结构。而某种靶材在工作气体一定、真空度相同的情况下，其溅射电压一般为定值，如果出现溅射电压有明显变动，则意味着靶材纯度、靶材与靶座的接触或真空度有内在变化。

　　(5) 基片温度也是影响膜层生长速率和膜层晶相结构的重要因素。加热的基板可以促进溅射过程淀积的原子重新排布，从而获得更加致密、附着牢固和低应力的膜层。不加热基片的溅射过程俗称"冷溅"，一般无法保证较好的膜层附着力。而不同的基板温度，会产生不同的晶相结构。如淀积钽膜，当温度在 400℃ ～ 700℃时，成为四方晶相，而在 700℃ 以上的高温时，淀积的钽膜将是体心立方结构。研究表明，对于薄膜微带电路制作常用的导体材料金来说，当温度在 180℃ ～ 200℃附近时，可以获得较理想的金层晶相结构。

　　(6) 注意控制好工作气体的流量与压力。实际生产中发现，气体流量和压力的波动，常常是导致整批溅射膜层失效的重要原因，这说明了气体流量与压力的稳定对于溅射膜层的重要意义。一台质量优良的 MFC(质量流量计)可以达到这个目的。

除上述控制措施以外，溅射设备内部电场、磁场、气氛、靶材纯度与平整度、基片表面粗糙度与缺陷多少、溅射设备内部几何结构以及真空度等方面的相互影响，也是不容忽视的方面。

3.3　溶液镀膜法

溶液镀膜法是指在溶液中，利用化学反应或电化学反应等化学方法，在基板表面沉积薄膜的技术。这是一类不需要昂贵的真空设备的制膜技术，在电子元器件、表面涂覆和装饰等方面得到了广泛的应用。下面重点介绍化学镀和电镀两种技术。

3.3.1　化学镀膜

化学镀膜本质上是在还原剂的作用下，使金属盐中的金属离子还原成原子状态并沉积到基板表面，形成镀层的过程，又称无电源电镀。

与化学沉积法不同的是，化学镀的还原反应必须在催化剂的作用下进行，且沉积反应只发生在镀件的表面上。所以确切地说，化学镀过程是在催化条件下，发生在镀层上的氧化还原过程，即在这种镀覆的过程中，溶液中的金属原子被生长着的镀层表面所催化，不断还原而沉积在基体表面上。在此过程中，基体材料表面的催化作用相当重要，周期表中的Ⅷ族金属元素都具有在化学镀过程中所需的催化效应。

通常所说的化学镀主要指依靠被镀金属自身催化作用的化学镀，具有以下优点：

（1）可在复杂的镀件表面上形成非常均匀的镀层；

（2）镀层的孔隙率比较低；

（3）可直接在塑料、陶瓷、玻璃等非导体上沉积镀膜；

（4）镀层具有特殊的物理、化学性质；

（5）不需要电源，没有导电电极，制造成本很低。

虽然化学镀具有上述优点，但在电子电路制作上还需慎重选择。因为化学镀的膜层比较疏松，纯度也不高，镀层厚度也难以做到很高，如化学镀金在后续焊接、键合过程中就容易出现问题。

3.3.2　电镀成膜

电流通过电解液（盐溶液）引起的化学反应称为电解，利用电解反应在位于负极的基板上进行镀膜的过程称为电镀。传统情况下，电镀和电解是在水溶液中进行的，而真空蒸发、离子镀和溅射是在真空中进行的，所以前者称为湿法镀膜技术，后者称为干法镀膜技术。目前，随着电镀技术的发展，有些电镀液可以在非水溶液或熔盐中进行。

电镀的方法，是在含有被镀金属离子的水溶液（包括非水溶液、熔盐等）中通直流电流，使正离子在阴极表面放电，得到金属薄膜。传统的电镀主要指水溶液的电镀，应用十分广泛。在电镀过程中，利用外加直流电场使阴极的电位降低，达到所镀金属的析出电位，才有可能使阴极表面真正镀上一层金属膜。同时，必须提高阳极电位，只有在外加电位比阳极标准电位高得多的情况下，阳极金属才有可能不断溶解，并使溶解速度超过阴极的沉积速度，这样才能保证电镀过程的持续。

电镀时使用的电解液被称为电镀液，一般用来镀金属的盐类有单盐和络合盐两类。含单盐的镀液有氯化物、硫酸盐等，含络合盐的镀液有氰化物等。含单盐的镀液使用安全、价格便宜，但镀层质量较差，比较粗糙，镀液易分解；络合盐的镀液价格贵、毒性大，有环保风险，但容易得到致密、光亮的镀层。可以根据不同要求选择不同种类镀液，通常镀镍、铂多使用单盐镀液，而镀铜、银、金等多使用络合盐镀液。

在薄膜微带电路的制作过程中，蒸发或溅射等真空过程形成的薄膜一般在亚微米、深亚微米级，为达到实际电路使用的要求，常用电镀来加厚金层或制作较厚的耐焊层、阻挡层。对电镀层的基本要求是：镀层结晶致密、平整、光滑牢固，无针孔疵点、烧焦变色痕迹，无明显凹坑与凸起、结瘤等。

3.4　化学气相沉积

3.4.1　化学气相沉积简介

化学气相沉积（Chemical Vapor Deposition，CVD）是利用高温环境中给定组分的气体在活性化空间内发生化学反应，在基板表面沉积形成薄膜。化学气相沉积过程是指反应原料为气态，生成物中至少有一种为固态的过程。在该过程中，只有发生气相—固相交界面的反应，才能在基体上形成致密的固态薄膜。在这个过程中，化学反应受到气相与固相表面的接触催化作用，产物的析出过程也是由气相到固相的结晶生长过程。在 CVD 反应中基板和气相之间需要维持一定的温度差和浓度差，由两者决定的过饱和度产生晶体生长的驱动力。

化学气相沉积是利用气态物质在固体表面进行化学反应，生成固态沉积物的过程。其过程一般分为三个大步骤：

（1）反应气体的制备；

（2）将反应气体运到沉积区；

（3）反应气体在基板表面发生化学反应并成核生长。

进行化学气相沉积必须具备以下几个条件：

(1) 反应物具有足够高的蒸气压；

(2) 其他反应物必须可挥发；

(3) 沉积物具有足够低的蒸气压。

图 3.7 给出了化学气相沉积系统的基本架构。从微观角度来说，这个过程的反应物分子在高温下由于获得较高的能量而得到活化，内部的化学键松弛或者断裂，进而生成新的化学键，得到新的物质。从宏观角度来说，这个反应过程的吉布斯自由能的变化为负值，随着温度的升高，有关反应的吉布斯自由能是下降的，因此升温有利于反应的自发进行。并且对于同一生成物，采用不同的反应物进行不同的化学反应，其温度条件也是不一样的，因此选择合理的反应物非常关键，是在低温下获得高质量沉积膜层的主要手段。

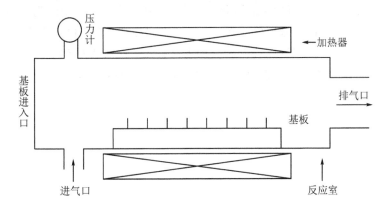

图 3.7　化学气相沉积系统示意图

3.4.2　化学气相沉积的主要参数和特点

影响化学气相沉积的主要参数有温度、反应物的配比、反应过程中的压力等。首先，温度影响气体质量运输过程，从而影响薄膜的形成，改变薄膜的组织和性能。反应气体的组成比例会严重影响镀膜质量及生长率。如果要获得性能优良的氧化物、氮化物等化合物薄膜，通入的氧气、氮气一般要高于化学组成所需的比例。反应过程中的压力影响反应腔室内热量、质量及动量传输，因此会影响反应效率、沉积膜层的质量以及膜层厚度的均匀性等。

化学气相沉积的优点是膜层致密、与基板结合牢固、膜层均匀性好、质量稳定，并且易于实现大批量生产。其最大的缺点是需要较高的沉积温度，许多基材都不能经受过高的温度，因此导致该方法应用受限。不过随着技术的发展，现在也有许多低温沉积技术，比如 PECVD 等。

化学气相沉积具有以下特点：

（1）沉积物种类多，可以沉积金属、氮化物、碳化物、氧化物和硼化物；

（2）沉积膜层的绕射性好，可实现深孔、复杂工件表面镀膜；

（3）沉积膜层与基板的结合力好；

（4）沉积膜层致密性高，比较容易控制成膜的纯度、结构和晶粒度；

（5）设备简单，操作灵活。

3.4.3　化学气相沉积的应用

CVD 技术在材料制备领域有着较多应用，CVD 方法能极大地改善晶体或晶体薄膜的性能，而且还能制备出其他方法无法制备的晶体膜层。通过该方法实现卤化物的氢还原，可以用来制备金属晶须，也可用来制备化合物晶须，如三氧化二铝、碳化硅等。此外，利用 CVD 技术在碳纤维表面进行晶须化处理，沉积碳化硅纤维，大幅提升碳纤维的粘接强度。

在半导体工业中，利用 CVD 的方法沉积多晶硅层，作为 MOS 器件的栅极。在半导体激光器件、半导体发光器件制备方面，也频繁用到化学气相沉积方法。

第 4 章　薄膜电路基材

4.1　薄膜基材简介及性能

　　这里所说的基材是指薄膜电路基板材料，一般来说，薄膜自身无法支持本体，难以直接应用，必须为它提供一个基底载体。理想的载体或"基片"除了有足够的附着力以支持薄膜外，还应该有较好的物理、化学特性，可以说，薄膜和其基片材料共同组成电路的一部分。薄膜基板材料的种类较多，常用的有玻璃、陶瓷、蓝宝石、硅、碳化硅、砷化镓等，其中三氧化二铝陶瓷以及石英玻璃具有良好的微波特性，在薄膜电路制造业内被广泛使用。

　　在薄膜电路中，基材有三种主要功能：

　　（1）提供薄膜电路表贴器件的机械支撑；

　　（2）提供参与微波电路图形计算的基板材料；

　　（3）提供器件或者薄膜散热的媒质。

　　除了上述的基础功能以外，基材本身还要具备高的绝缘电阻、高纯度、低的热膨胀系数、高的热稳定性、高的抗腐蚀特性等。

　　薄膜电路理想的基片材料应具备的优良特性如表 4.1 所示。

表 4.1　理想基片的特性

特　性	理　由
表面具有一致的光洁度	提高薄膜的均匀性
基材完全平坦	获得掩膜清晰度，以及与装配的兼容性
基材密度	防止水气或其他有机物进入基材
机械强度	加工的可操作性，装配应用的可靠性
热膨胀系数	薄膜应力
高热导	电路片的散热能力
抗热冲击	防止工艺过程中的损害，以及电路片应用过程中的可靠性
热稳定性	电路产品的一致性，工艺过程中的热处理等

续表

特　性	理　由
化学稳定性	各种清洗工艺兼容性，光刻腐蚀过程的基片染色问题
高电阻	绝缘性能
稳定的介电常数	薄膜电路的高频应用时电路的一致性
低的介质损耗	微波频段应用
低成本	批量化生产，广泛应用

表面粗糙度可以简单理解为：基材表面最高点到最低点中心线的平均偏差（一般标记为Ra），单位为 μm。其对于获得均匀、一致的薄膜形态具有非常重要的意义，但在较大基材面积范围内制作出很高且一致的光洁度，也是非常困难的。由于薄膜的厚度一般在 50 Å～50 000 Å 之间，因此通常要求基板材料的表面粗糙度不应过高，如果在粗糙度过高的基材表面制作较薄的薄膜，会发生膜层不连续或者膜层缺陷点多等问题。表 4.2 所示为常用薄膜基片材料光洁度对比，其中三氧化二铝陶瓷基板抛光后表面光洁度可以达到 0.01 μm～0.02 μm，但是在薄膜电路中为了获得良好的膜层附着力，往往采用表面光洁度为 0.06 μm 左右的"亚光"基板。

表 4.2　常用薄膜基板光洁度

基　材	光洁度/μm
玻璃及涂釉玻璃	<0.25
抛光蓝宝石	<0.25
抛光三氧化二铝（>99%）	≈0.02
三氧化二铝（96%）	1.5

基材平整度也是一项非常重要的指标。平整度对于产品最终能否在组装环节装入标准壳体之内，且紧密配合是很重要的。同时，基材的平整度会影响到光刻曝光过程中掩膜板与涂胶面的结合度，会影响到曝光的清晰度，如果电路中有较多微细线条，那么其产生的影响是非常致命的。对于薄膜电路来说，一般要求基材平整度不低于 3‰。另外一个反映基材平坦与否的指标是翘曲度，但是薄膜电路中基板多为刚性、脆性材料，翘曲度非常好，这里不再详细介绍。

基材的密度及其密度均匀性，会影响到成膜前处理效果，基材密度不达标或者有较大微孔，会导致其易于吸附水气等问题，基材密度的好坏与瓷片制作过程关系较大。比如瓷片的颗粒粒度，由陶瓷配方中氧化物杂质的性质和数量及烧成条件所决定。过烧会产生大的颗粒结构和粗糙的陶瓷表面，当烧成时，杂质会集聚在颗粒边界处，造成瓷片多孔。

一般薄膜电路板材的机械强度与材料本身以及板材制作过程有关，但是基材伤痕和暗裂等情况会严重影响其机械强度。常用基材的机械强度如表 4.3 所示。

表 4.3　常用基材的机械强度

基　材	弹性膜系数/(N/m²)	拉伸强度/(N/m²)
三氧化二铝陶瓷	37×10^{10}	34×10^{10}
氧化铍	30×10^{10}	10×10^{10}
玻璃	6×10^{10}	$5.5 \times 10^{10} \sim 11 \times 10^{10}$
二氧化硅	7×10^{10}	$4.1 \times 10^{10} \sim 8.3 \times 10^{10}$

基板材料的特性对于设计十分重要。以最常用的氧化铝陶瓷基材为例，整个设计流程是从基础陶瓷材料的选择开始的。陶瓷的选择主要取决于介电常数，这将会决定导线的特征尺寸。此外，金属化的方法、芯片和元件的连接技术也要考虑。表 4.4 中列出了不同陶瓷材料的关键特性，可以帮助用户选择最合适的陶瓷材料。陶瓷材料中最具多功能性和设计弹性的是氧化铝，氧化铝具有非常精细的颗粒结构，可以进行非常精细的抛光处理，这使得氧化铝可以用来设计精细的导线结构。其他材料的颗粒结构较粗，限制了导线的精细程度。导热性和热膨胀性能是在材料选择中要考虑的两个重要因素，若基片与固定在它上面的元件之间、基片与其载体接触面之间的热膨胀系数不匹配，则会导致固定失败。热量处理也是高功率应用中的一个重要因素。表 4.4 中还包括了热膨胀系数和导热系数，可以帮助用户根据自己的需要来正确地选择材料。使用的基片越厚，它所支持的基片平面尺寸越大，板上的元件数越多，性能越高，而成本也就越低。然而，60 GHz 的薄膜电路设计中使用了更薄的基片材料，其原因是与应用频段有密切关系。同样，随着基片的厚度减小，基板的尺寸会减小，成品率和成本也会因此受到影响。

表 4.4　常用基板材料的特性及应用

基板材料	介电常数	损耗角	热膨胀系数/(10^{-6}/K)	热导率/(W/(m·K))
熔融石英	3.82(1 GHz)	0.000 015(1 GHz) 0.000 033(24 GHz)	0.55	1.38
氮化铝	9(1 MHz)	0.001(1 MHz)	4.6	170
氧化铝(99.6%)	9.9(1 MHz)	0.0001(1 MHz)	6.5~7.5	27
氧化铍	6~7(1 MHz)	0.0004(1 MHz)	—	250

　　薄膜电路中最常用的基板材料是氧化铝，在一些高频段（35 GHz 以上）应用中，石英等材料的优良微波特性会明显体现出来。在有功率要求的电路中，氮化铝、氧化铍基材的优良热特性会明显体现。但是，氧化铍材料的粉末具有一定的毒性，在生产过程中应进行适当的防护。

　　目前，氧化铝基板仍然是薄膜电路的最主要基材，在微波电路中一般会选择纯度高于99％的氧化铝陶瓷作为基材。氧化铝陶瓷的质量等级和材料均匀性都非常好，能够在从低频到毫米波波段保持较小的微波损耗，并且化学性质稳定，能够耐受许多化学溶剂的侵蚀。表 4.5 为氧化铝陶瓷的应用频段与厚度。

表 4.5　氧化铝陶瓷的应用频段与厚度

频　率	厚度/mm
到 6 GHz	0.635
到 18 GHz	0.381
到 40 GHz	0.254
超过 40 GHz	0.127

4.2　陶瓷基片的制造

　　生产氧化铝及其他陶瓷基片有两种方法：干压法和流延法。对于每种方法，细的氧化铝粉末（微米或亚微米范围）都要与结合剂及其他氧化物，如氧化镁、氧化硅（玻璃料）和氧化钙混合。添加的氧化物有助熔剂的作用，能降低烧结温度，控制颗粒尺寸。在最终烧结的产品中，这些氧化物聚集在颗粒边界处，对形成薄膜的附着力提供关键的作用。首先将配好的料进行球磨混合，获得均匀混合物。同时需要对原材料的化学纯度、瓷粉颗粒以及混合后的分布情况进行严格控制，才能在最终烧结过程中获得最佳的微观结构。氧化铝陶瓷的烧结温度大约是 1700 ℃，通过烧结，可以得到高密度多晶结构的氧化铝陶瓷。

　　在干压工艺中，混合的陶瓷配方在金属膜具中以 10 000 psi～20 000 psi 压力压制成型，然后进行烧结。压缩的未烧结部件的压缩部分密度必须均匀，以免收缩时的差别使部件卷边弯曲。

　　流延工艺不同于干压工艺，它要将配置好的陶瓷材料制成薄片，干燥成为有一定韧性的生瓷坯带状态，并切成所要的尺寸，然后进行烧结。在此工艺中，溶剂和聚合触变结合剂被加到陶瓷混合料中，促进流延。

目前，市场上常用的薄膜电路基底材料供应厂商主要有美国 Coostek 和日本京瓷（Kyocera），德国及俄罗斯等国家也有一些陶瓷基板供应商。在我国，Coostek、Kyocera 的陶瓷基板使用率最高，表 4.6 是 Kyocera 的 A493 氧化铝陶瓷的主要特性参数。

表 4.6　A493 陶瓷主要特性参数

基板材料	表面光洁度		介电常数 ε_r	介质损耗正切 $\tan\delta$	导热率 /(W/(m·K))	热膨胀系数 /(10^{-6}/K)	强度
	正面 /μm	背面 /μm					
99.6%（A493）	Ra=0.01～0.08		9.9±0.2（1 MHz）	2×10^{-4}（1 MHz）	33(25 ℃) 30(300 ℃) 25(500 ℃)	7.2(25 ℃～300 ℃) 7.4(25 ℃～600 ℃) 8.2(25 ℃～800 ℃)	550 Mp

4.3　基材的成膜前处理

除了要求基片具有良好的表面状态外，薄膜电路成膜前还要求基片表面足够清洁，这样才能保证膜层的均匀、一致，并具有高的附着力。在薄膜行业中，基片的清洗或者前处理方法也是非常关键的，下面将详细介绍不同污染物的去除方法。

1. 有机污染的去除

薄膜电路基材的有机物污染主要是人为污染或者储存环境的污染，有机污染对于薄膜成膜过程的影响是致命的，会严重降低其膜层与基材间的附着力。采用有机溶剂浸泡或者超声可以有效去除有机物污染。常用的有机溶剂有酮类、醇类或其他除油剂。

以丙酮为例，对表 4.6 中的氧化铝陶瓷基片进行超声处理，超声频率为 25 kHz，当时间达到 20 分钟以上时，用肉眼可以明显观察到基片变得更加洁净并显出均匀的"白"色。

对于污染较重的基材，可以考虑采用多种有机溶剂依次超声的方案或者混合超声的方案。例如，对基材表面清洁度要求较高时，可采用丙酮超声后，接着采用乙醇超声的方法。

2. 微观金属吸附物的去除

在陶瓷制备或者存储的环节中，瓷片表面有可能会吸附少量微观金属颗粒，部分颗粒也有可能会进入基片较深的区域，在成膜前需要对这些污染物进行清洗。一般采用强氧化性的酸长时间浸泡，或者加热浸泡来去除，较常用的有浓硫酸或浓硫酸与铬酸的混合液。

泡酸过程应防止基片间相互重叠，确保酸液与基片全面接触。泡酸完成后的基片应用流动的纯水长时间、多次冲洗干净，此时基片表面或内部仍有可能残留微量酸液，需要进一步去除，一般采用纯水水煮的方法，基片经过多次水煮后，残留酸液将被彻底去除。

3. 水气等吸附物的去除

水煮后的基片已经非常干净，但是还存在水气的污染，可以采用纯净的无水乙醇脱水，然后初步烘干。若要进一步去除基片内深层次的水气，可以采用高温煅烧，一般煅烧温度需要达到 800 ℃以上，同时可以进一步将可能存在的各种有机物都"烧"掉，还可以使基片内部的晶格缺陷重组，大幅度降低基片的自身应力。

4. 表面落尘的去除

清洗完成后的基片可以放入溅射设备的真空室，这个过程应在高净化度环境中完成，但是实际的生产环境往往难以满足，基片在放入真空室甚至在真空室内停留的过程，都会有少量环境中的尘埃落到基片表面。这就要求成膜设备自身应带有等离子清洗的功能，在成膜之前，需对基片进行等离子清洗，去除表面尘埃。

只有经历了上述繁杂的清洗过程，才能保证成膜前基片表面的清洁度。

第 5 章　常用薄膜材料

　　在薄膜微带电路的制作工艺中,电阻、电容以及导体的材料直接影响到具体的工艺方法以及最终制成产品的特性。本章重点对常用薄膜材料进行介绍。

5.1　薄　膜　导　体

　　薄膜导体是形成薄膜电路微带线传导功能的基本结构,其作用非常重要。薄膜电路导体材料的选择,应综合考虑导电性、附着力、稳定性、可焊性以及耐热等特性。表 5.1 中列出了常用的薄膜导体材料。

表 5.1　常用薄膜导体材料列表

金属	体积电阻率/(μm·cm)	1000Å 薄膜方阻/($\Omega/\square$)
银	1.59	0.19
铜	1.7	0.2
金	2.4	0.27
铝	2.8	0.33
钯	11	1.3
铂-金(50:50)	21	3
钛	55	10
镍-铬(80:20)	100	15
钛-钨(90:10)	98	15

　　为了满足导电性、附着力、稳定性、可焊性等多种要求,薄膜电路导体材料往往采用复合膜层结构,如 NiCr - Au、TiW - Au 等。

　　Au 导体是薄膜电路中最常采用的一种材料,它具有良好的导电性和稳定性,但是 Au 导体与玻璃、陶瓷、石英等常用基底材料间难以形成良好附着力,因此,需要在 Au 导体与基底材料之间淀积一层 Cr、NiCr 或者 TiW 等附着较好的膜层,该附着层厚度一般仅需要 400Å～600Å 即可(对于粗糙度较高的基底,该附着层应适当加厚)。而作为过渡层的金属材料一般都不具有良好的导电性和可焊性,如膜层应用中有焊接的要求时,应在膜层中加入 Ni、Cu 等可焊性金属材料，如 NiCr‑Ni‑Au、TiW‑Ni‑Au、TiW‑Au‑Cu‑Ni‑Au 等。薄膜常用膜系结构及其特性如表 5.2 所示。

表 5.2　薄膜常用膜系结构及其特性

金属材料	应　用	组装方法	一般厚度范围	最大应用温度
氮化钽(钽) 钛钨 金	微带导线的标准薄膜结构，带有电阻层	(Au/Sn，Au/Si，Au/Ge)焊接； 导电胶粘接	氮化钽(钽)：800 Å～1200 Å 钛钨：300 Å～600 Å 金(溅射)：1000 Å～5000 Å	380 ℃
氮化钽(钽) 镍铬 金	微带导线的标准薄膜结构，带有电阻层	Au/Sn‑焊接； 导电胶粘接	氮化钽(钽)：800 Å～1200 Å 镍铬：300 Å～600 Å 金(溅射)：1000 Å～5000 Å	320 ℃
钛钨 金	微带导线的标准薄膜结构	(Au/Sn，Au/Si，Au/Ge)焊接； 导电胶粘接	钛钨：300 Å～600 Å 金(溅射)：1000 Å～5000 Å	425 ℃
镍铬 金	微带导线的标准薄膜结构	Au/Sn 焊接； 导电胶粘接	镍铬：300 Å～600 Å 金(溅射)：1000 Å～5000 Å	320 ℃
氮化钽(钽) 钛钨 镍 金	微带导线的标准薄膜结构，带有电阻层	(Au/Sn，Au/Si，Au/Ge)焊接； SnPb 焊接； 导电胶粘接	氮化钽(钽)：800 Å～1200 Å 钛钨：300 Å～600 Å 镍：1000 Å～5000 Å 金(溅射)：1000 Å～5000 Å	350 ℃
钛钨 镍 金	微带导线的标准薄膜结构	(Au/Sn，Au/Si，Au/Ge)焊接； SnPb 焊接； 导电胶粘接	钛钨：300 Å～600 Å 镍：1000 Å～5000 Å 金(溅射)：1000 Å～5000 Å	350 ℃
氮化钽(钽) 钛钨 金 铜(电镀) 镍(电镀) 金(电镀)	大电流、低损耗	(Au/Sn，Au/Si，Au/Ge)焊接； SnPb 焊接； 导电胶粘接	氮化钽(钽)：800 Å～1200 Å 钛钨：300 Å～600 Å 金(溅射)：1000 Å～5000 Å 铜：镀层厚度 2 μm～30 μm 镍：镀层厚度 2 μm～10 μm 金：镀层厚度 0.2 μm～10 μm	350 ℃

当需要在导电薄膜和金引线之间形成热压焊时，采用金薄膜最好，且用于压接的最小金层厚度应不小于 $1.27~\mu m$。如果引线与导电薄膜锡焊，薄膜材料应选用钯、镍、铜等可焊接金属层，这些可焊接金属膜层在空气中容易氧化，需要在其表面覆盖一层金膜层，用于焊接部位的金膜层厚度不得超过 $0.8~\mu m$。

铜表面镀金时，金层厚度不得低于 $4~\mu m$，这是因为铜与金之间容易发生扩散，金层太薄时，该扩散容易到达金层表面，破坏其表面的特性，使得压焊性能急剧下降。一般推荐先在铜层表面镀镍（不小于 $2.5~\mu m$），然后在镍层上镀金，这样可以有效防止铜—金之间的扩散问题。

5.2　薄膜电阻材料

薄膜电阻是薄膜产品或者薄膜工艺中非常重要的一项内容，本节重点对薄膜电阻的材料、特性进行介绍。薄膜电阻的制作和使用应注意以下几点：

（1）电阻的材料以及基板的光洁度。

（2）电阻的额定功率。

（3）电阻外形尺寸特点。

（4）薄膜方阻值。

（5）初始电阻的精度及均匀性。

（6）寄生效应（频率特性）。

1. 铬

铬是最早用于薄膜电阻材料研究的一种金属，是因为它的蒸气压高、电阻率高和化学性质稳定，另外铬还可以作为一种良好的打底金属附着层。在早期采用蒸发式成膜时，铬薄膜电阻有较明显的应用优势，但是铬材料难以形成块材，逐渐被镍铬合金材料替代。

2. 镍铬合金

一般用于薄膜电阻的镍铬合金含镍 80%、含铬 20%。块状镍铬合金的电阻率大约为 $108~\mu\Omega\cdot cm(25\text{℃})$，电阻温度系数为 $110\times10^{-6}/\text{℃}$。块状镍铬合金材料相比于铬，其电阻率约为后者的 8 倍，电阻温度系数约为后者的 1/25。

蒸发成膜法可以获得镍铬薄膜。蒸发时，在最初形成的薄膜中，铬的含量相对多一些，因为铬的附着力强，这样获得的薄膜具有优良的附着特性。但是，作为薄膜电阻材料，希望膜层的每个部分都很均匀，因此最好选用溅射法等来获得均匀结构的镍铬薄膜。蒸发法制备镍铬薄膜时，经常会采用钨丝作为载体，但是在长时间的高温下使用时，钨和镍会发生反应，减少镍铬合金中镍的含量，同时会降低钨丝的使用寿命。

镍铬电阻在高湿度下，尤其是在直流负载下，由于电解作用，很不稳定。因此，镍铬薄膜电阻通常是要密封的,一般要涂一层较厚的一氧化硅层。有保护层的情况下,镍铬薄膜电阻具有优良的稳定性和低的噪声系数。

3. 二氧化锡

纯的二氧化锡是绝缘体,但是通过特殊处理,可以制成半导体。在基片上淀积四氯化锡,如果淀积的气氛是还原性质的,则可以使其生成 n 型半导体,其电阻率约为 $2000\ \mu\Omega \cdot cm$,电阻温度系数约为 $-500 \times 10^{-6}/℃$。可对这种薄膜进行掺杂处理,调节其温度系数和电阻率。施主杂质、受主杂质都可以改变该薄膜的电阻特性,如掺杂锑,还可以使该薄膜电阻的稳定性提高,当电阻率为 $1400\ \mu\Omega \cdot cm$ 左右时,会出现零电阻温度系数。该薄膜电阻的优点是稳定性好,可以精确调阻。

4. 铬硅电阻

铬硅属于金属陶瓷材料类,铬硅电阻的制作过程往往需要对基板进行短时间的加热,一般把基片加热到 160℃ 或者更高温度,才能获得铬原子与一氧化硅分子组成的网状薄膜结构,从原子排列情况看,这种结构短程有序,长程无序,具有一定的电阻率,经过高温退火处理后具有较高稳定性。薄膜中铬原子的比例由 60% 改变到 90%,可以使这种结构的有效电阻率从 $30\ \Omega \cdot cm$ 改变到 $0.001\ \Omega \cdot cm$。可通过将制成的薄膜电阻放入空气或者还原性气体中来调节阻值。

这种薄膜电阻的方阻值可以做到 $30\ \Omega \sim 1000\ \Omega$,电阻温度系数约 $-50 \times 10^{-6}/℃$,其噪声、电压系数、高频性能与镍铬电阻相当。

5. 钽电阻

钽是一种高熔点金属,其重结晶温度也相对高。用钽来做薄膜电阻具有稳定性高、附着力好、可在空气中自发形成氧化保护膜的优点。钽的高熔点特性,使其难以通过普通的蒸发法获得薄膜,但可采用离子束蒸发法获得。随着磁控溅射技术的发展,现在基本都是采用溅射技术来制备钽薄膜电阻。溅射法制备钽具有较多优点,如较高的电阻率、较低的温度系数、良好的稳定性,以及可反应溅射得到改良的膜层等。

在通常情况下,非掺杂的溅射钽膜不是体心立方结构,而是呈四方晶向(β 相),并且具有较高的电阻率和较低的电阻温度系数,β 钽膜也是一种优良的薄膜电阻,其电阻率大约为 $150\ \mu\Omega \cdot cm$,电阻温度系数在 $+100 \times 10^{-6}/℃ \sim -100 \times 10^{-6}/℃$ 之间。

6. 氮化钽电阻

氮化钽(Ta_2N)电阻一般是在溅射 Ta 过程中掺入少量 N_2 气氛而形成薄膜,Ta_2N 的电阻率和温度系数与 β 钽基本相同。但是在空气中暴露时,氮化钽膜比 β 钽更加稳定。这种材料由于具有更高的最大承受温度、更高的退火温度、更高的阻抗,而越来越广泛地作为电阻材料并得到应用。

氮化钽电阻一般通过磁控溅射方法制备，其靶材还是金属 Ta，仅是在溅射过程中添加了 N_2 气氛，从而形成 Ta_2N 薄膜，溅射 Ta_2N 气体流量中 N_2 分压占到 3%～5%，如 Ar：N_2 = 33：1，或 Ar：N_2 = 45：2。常规薄膜工艺为了保证 Ta_2N 薄膜电阻的溅射一致性和批次间一致性，除了要求溅射设备具有优良的阴极磁场分布外，还要求在溅射 Ta_2N 的过程中，本底真空足够高，通入的氮气尽可能纯净。

氮化钽薄膜电阻是薄膜电路中应用最广泛的材料之一，在第 8 章将详细介绍。

7. CrSi 电阻

CrSi 电阻的特点是方阻大、稳定性好、电阻温度系数较小。这些优点使其在薄膜混合集成电路中得到广泛应用。用传统蒸发方法制作 CrSi 电阻，无论是电阻热蒸发，还是电子束蒸发，都存在着命中率低、电阻方阻均匀性差、电阻温度系数偏大、长期稳定性和可靠性不高等缺点。

一般来说，CrSi 电阻在成膜后必须要经过热处理工艺，使电阻膜微观结构发生变化，由介稳态转变为稳态，CrSi 薄膜电阻的性能才能得到改善。CrSi 薄膜电阻稳定性与退火条件(退火温度、退火气氛和退火方式等)息息相关。改变退火条件，会改变 CrSi 薄膜电阻的晶粒大小和晶粒间界，从而改变 CrSi 薄膜电阻阻值。多项研究表明，退火温度和退火条件对 CrSi 薄膜电阻的温度系数和长期稳定性影响很大。为了提高 CrSi 薄膜电阻的稳定性，可在 CrSi 靶材中添加微量元素氮来形成薄膜电阻，或在 CrSi 靶材中添加微量元素氧来形成薄膜电阻。其主要目的是改变晶粒大小和晶粒间界的状况，从而提高稳定性，降低温度系数。例如：通过退火温度、退火气氛和退火方式实验，得到 460 ℃、氮氧(N：O = 4：1)气氛、慢进慢出方式的退火优化条件，将 CrSi 薄膜电阻的温度系数从 $\pm 100 \times 10^{-6}$ / ℃ 降到 $\pm 50 \times 10^{-6}$ / ℃。

CrSi 薄膜电阻大多通过溅射方法制备，其溅射均匀性非常重要，溅射工艺中方阻均匀性受多种因素影响，有阴极磁场分布、靶材形状及靶材使用率、进气方式、气体流量、溅射压力等。大量实验表明，采取调整阴极磁场分布、改变进气方式和气体流量等多种方法可以使 CrSi 电阻的方阻均匀性得到提高。其中，阴极磁场分布对溅射的方阻均匀性影响最大。溅射时由于磁场的引入，自由电子在磁场和电场的作用下做螺线运动，使自由电子的运动路径加长，这样就使溅射的电离度增加，从而得到一个同质性很好的等离子体。溅射时由于阴极磁场分布的强弱不同，造成在靶与基片之间等离子体电离度的差异，这种差异带来淀积的均匀性偏差。为了减轻甚至消除这种电离度的差异，可以根据自上而下方阻均匀性偏差来调整整个靶面上阴极磁场的分布，将方阻为正偏差的基片位置所对应的磁场相对增强，而将方阻为负偏差的基片位置所对应的磁场相对减弱。增强磁场是为了使靶与基片之间等离子体电离度增加，提高溅射效率，从而降低电阻方阻；减弱磁场则是为了减小等离子体电离度，降低溅射效率，从而增加电阻方阻。最终使电阻方阻均匀性得到提高。

5.3　薄膜电容材料

电容器广泛应用于各种高低频电路和有源电路中，起耦合、谐振、退耦、滤波、降压、旁路、定时等作用。薄膜电容器从结构形式可以分为卷绕式电容和贴片式电容，其中卷绕式电容器在击穿电压和大容值方面具有优势，但是体积较大，且高频性能不佳，如图 5.1 所示；贴片式电容器可以获得较小的损耗，在高频段表现优异，但是容值和耐压相对较差，如图 5.2 所示。随着表贴技术的发展以及整机的小型化，要求薄膜电容器向着片式化、微型化和高频化方向发展。薄膜电容器介质用蒸发金属氧化物、金属氟化物、反应溅射金属氧化物、阳极化阀金属氧化物和有机聚合物薄膜制成。图 5.3 给出了几种薄膜电容器的示意图。薄膜电容器性能比较如表 5.3 所示。

图 5.1　卷绕式薄膜电容器

图 5.2　贴片式薄膜电容器

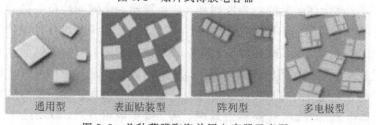

通用型　　　　表面贴装型　　　　阵列型　　　　多电极型

图 5.3　几种薄膜陶瓷单层电容器示意图

表 5.3　薄膜电容器性能比较

介质材料	底电极	上电极	介质常数	容许强度 /(V/cm)	面积利用率 /(V/cm)	储能因数 /(μC/cm^2)	可用最小厚度/ Å	最大容量密度 /(μF/cm^2)
Ta$_2$O$_5$＋MnO$_2$	Ta	Au	22	2.0×10^6	44×10^6	4	100	1
Ta$_2$O$_5$	Ta	Au	22	1.5×10^6	33×10^6	3	500	0.2
SiO＋Ta$_2$O$_5$	Ta	Al	6	2.5×10^6	15×10^6	1	2000	0.02
SiO	Al	Al	6	0.2×10^6	1.2×10^6	0.1	5000	0.008
聚对苯(撑)二甲基	Al	Al	2.65	1.3×10^6	3.4×10^6	0.3	1000	0.025

　　图 5.1 所示的薄膜电容器是以金属箔为电极,将其与聚乙酯、聚丙烯、聚苯乙烯或聚碳酸酯等塑料薄膜,从两端重叠后,卷绕成圆筒状而成的电容器。

　　陶瓷单层电容器是基于薄膜工艺的一类重要应用,其最基本的结构形式为 MIM 三明治结构,如图 5.3 的通用型所示。目前国外生产此类产品主要是 ATC 和 DLI 公司,国内有广州天极公司、东莞纳仕特公司等。ATC 的单层陶瓷电容器使用多种不同电解质材料,介电常数一般为 14～16 000,容值一般为 0.4 pF～10 000 pF,能够满足微波和毫米波线路要求;DLI 公司的薄膜单层电容器种类比较丰富,适用频段为 100 MHz～100 GHz,容值一般为 0.02 pF～4300 pF;广州天极公司在单层陶瓷电容器方面研究较为深入,具有多种类型的电容器产品。

第6章　光　　刻

6.1　光刻技术简介

光刻是集成电路制造中最重要的加工工艺，也是制造芯片最关键的技术。在超大规模集成电路的制造中，光刻成本至少占据芯片制造成本的 40% 以上，其作用如同机械加工车间里的车加工技术。对于我们重点关注的薄膜电路，光刻同样是关键的工序，因为其不仅决定了薄膜电路产品的质量，更控制着整条薄膜电路生产线的加工能力上限。

光刻是光致刻蚀的简称。简言之，光刻是借助掩膜、曝光、腐蚀等设备，通过一系列生产步骤，将基片表面薄膜的特定部分除去的方法或过程。光刻操作完成之后，掩膜板上的图形会转移到基片表面，并在基片表面留下所需要的微带图形。由于实现了电路图形在基板上的"从无到有"，也是电路制作过程中决定设计图形精度与可靠性的关键一环，所以光刻是薄膜电路图形生成的关键环节。作为微电子技术工艺基础的微光刻技术与微纳米加工技术，是人类迄今为止所能达到的精度最高的加工技术。

1947 年贝尔实验室发明的第一只点接触晶体管，标志着光刻技术发展的开始；1959年，伴随着世界上第一台晶体管计算机的诞生，仙童公司提出了将光刻工艺应用于 IC 电路制作，随后光刻技术进入了迅猛的发展期；20 世纪 70 年代，光刻线宽缩小到 0.5 μm；20世纪 80 年代，光刻最细线宽缩小到 0.35 μm；20 世纪 90 年代，达到了 70 nm 的极限。

光刻技术（Lithography）在半导体工艺上比较狭隘的定义，一般是指以光子束、电子束或离子束经过掩膜板（Mask）对基板上的光致抗蚀剂（又称光刻胶）进行照射曝光。或不经过掩膜板、膜板，对光刻胶直接辐照（直射），使光刻胶产生极性变化、主键断链、主键交链等化学作用，局部光刻胶图形得到固化，经显影后，通过腐蚀工艺将非图形部分去除，达到将掩模板、模板的或直射的特定图案转移至基板的目的。综上所述，光刻是一种图形复印和化学腐蚀相结合的精密表面加工和图形转移技术，是制备微波电路的关键工艺技术。

薄膜电路图形，特别在微波领域的电路图形，对于精度要求非常高，如滤波器、同向双工器、兰格耦合器、定向耦合器、叉指电容和螺旋电感等，必须依赖导线线宽和线距的精度来达要求的性能。在微波电路产品中达到高性能和可重复性的关键是金属传导体的几何形状的精确性和一致性，相比厚膜工艺，薄膜工艺凭借良好的微观结构加工能力和精度控制能力以及极高的重复性，显现出较大优势。而在薄膜工艺流程中，获得高质量电路图形的最关键步骤就是光刻。

相比溅射、电镀、切割等薄膜电路制作的其他工序,光刻工艺的工步更为复杂。传统光刻工艺仅考虑单层薄膜上图形的实现,一般要经历清洗、烘干、涂胶、前烘、紫外曝光、显影、坚膜、保护、腐蚀、清洗、去胶共 11 个工步,涉及材料、设备、环境、人员操作、工艺方法等多方面因素,某一个因素如温度的变化,都可能影响到图形转移的精度与可靠性。近年来,随着投影光刻技术、无掩膜光刻技术和激光直写刻蚀技术等新技术、设备的出现与成熟,传统的光刻流程也在发生着变化,对于特定产品的流程更为简化。后续将详细予以介绍。

6.2 光刻曝光源

曝光源是光刻系统的重要组成部分,也是光刻工艺的关键影响因素。光刻的曝光源之所以关键,因为它既关系到曝光的敏感性,即能否让光刻胶的局部感光彻底,又决定了在一定尺寸范围内能否获得极高的曝光均匀性,已达到很高的单个图形内部线条和多个图形之间的高的一致性。此外,曝光强度的批次稳定性和长期稳定性,都决定着光刻生产的质量高低,并取决于能否长期、稳定地得到良好的线条精度与可靠性。曝光源的种类和质量直接影响着像差、分辨率和焦深,决定着采用何种类型、何种厚度的光刻胶才能达到最佳的光刻效果。

根据产品需求的不同,光刻技术可利用可见光、近紫外光、中紫外光、深紫外光、真空紫外光、极紫外光、X 射线等光源对光刻胶进行辐照;或者用高能电子束(25 keV～100 keV)、低能电子束(10 eV～200 eV),镓离子聚焦离子束(10 keV～100 keV)对光刻胶进行辐照。常规的光刻技术,一般采用波长为 200 nm～450 nm 的紫外光作为曝光光源。20 世纪 70 年代至 20 世纪 80 年代,光刻设备主要采用普通光源和汞灯作为曝光光源,其特征尺寸在微米级以上。20 世纪 90 年代以后,相继出现了 G -谱线、H 谱线与 365 nm 的 I-谱线以及 KrF、ArF 等准分子激光作为光源。进入 21 世纪后,荷兰 ASML 等先进设备的光刻极限不断突破,已经降低至 10 nm 以下。2016 年年底,国内华中科技大学国家光电实验室利用双光束,在光刻胶上实现了 9 nm 线宽、双线间距低至 50 nm 的超分辨率光刻,这主要源于曝光光源的不断改进。而 2018 年 10 月,瑞士 IMEC 研究中心宣布,已经研制出了关键尺寸为 3 nm 的芯片。

低压及高压汞(Hg)或汞-氙(Hg - Xe)弧灯在近紫外光波长范围(350 nm～450 nm)有两条光强较强的光谱发射线,即 436 nm 的 G -线与 365 nm 的 I -线。以 I -线为例,传统光刻工艺,其分辨率大致在 350 nm～300 nm 范围间,如使用特殊工艺,如偏轴发光、相移掩膜板、表层成像等技术,光刻分辨率可以增加到 300 nm～250 nm。

为进一步提高光学光刻的分辨率,通常采用的技术是短波长的光源曝光。随着光刻技术的发展，光刻曝光源从 I-线曝光技术发展为波长为 248 nm 的氟化氪激光（分辨率约为 180 nm～130 nm）、193 nm 的准分子氟化氩（ArF）激光器（分辨率约为 130 nm～100 nm）、157 nm 氟激光（分辨率约为 70 nm～50 nm）。在此之后，出现了波长为 13.5 nm 的极紫外（严格意义上，是一种软 X 射线）曝光光刻技术，以及 X 射线曝光技术。

6.3　光刻用掩膜板

光刻掩膜板是光刻过程中非常重要的辅助装备，在有些地区常被称作"光罩"。它是光刻工艺中具有特定几何图形的光复印掩蔽模板，承载着全部的设计信息与精度要求，通过它作为转移介质，将设计图形 100% 无失真地转移到电路基板上，最终得以实现工程化产品。

掩膜制作本身也是一个微细加工过程，它涉及曝光、显影、刻蚀等工艺工程。掩膜的曝光是用扫描电子束或扫描激光束完成的。经过曝光显影后的镀铬玻璃板一般经过湿法酸腐蚀除去暴露的铬层，从而形成掩膜图形。这是传统掩膜的制造过程。近年来，为了提高曝光分辨率，开发出了移相掩膜和光学邻近效应校正掩膜。

光刻用掩膜板一般选用透光性比较好的石英玻璃做衬底，并用金属铬覆盖整个衬底面积作为遮光层，通过曝光、显影、定影、腐蚀等过程，去除不需要的部分铬金属层，在石英玻璃上形成孔、线条等基层图形，与石英玻璃相对应在掩膜板上形成透光区域和非透光区域。掩膜板上所用铬层的厚度通常小于 1000 埃，是采用溅射工艺沉积在石英玻璃板上的。铬层上还会有一层氧化铬作为抗反射层，厚度通常为 200 埃，用于吸收光刻过程中在晶片表面产生的额外光刻能量的增益。目前，在石英玻璃板上采用金属铬制成的掩膜板是市场的主流产品。石英与其他玻璃的性能比较如表 6.1 所示。

表 6.1　石英与其他玻璃的性能比较

玻璃种类	苏打玻璃	硼硅玻璃	石英玻璃
硬度/(kgf/mm^2)	540	657	615
热膨胀/$(10^{-7}/℃)$	94	37	5

当前，较常用的光掩膜板的基板材料有石英玻璃和苏打玻璃（Soda-lime）两种。苏打玻璃较多被应用在 ST-LCD、TN-LCD、FED、EL 等产品的生产上，而用于 TFT-LCD 的光掩膜板。由于热膨胀率小，所以尺寸精度要求较高，并且因为需要有 90% 以上的良好透光率，因此采用了能实现高精细程度的石英玻璃。而利用铬元素作为遮光材料的原因是，铬不但膜层厚度均匀一致，并且还能比较方便地蚀刻出精细的线路，实现更高的分辨率。

　　通常在掩膜板上形成图形的基本步骤和制作薄膜电路相似，一般来说掩膜板的制作分为数据处理部分和工艺制造部分。数据处理部分的基本工作为数据转换，也就是将如GDSII版图格式分层、运算，格式转换为光刻设备所知的数据形式。在数据转换过程中，必须确认图形细节的正确性，保证转换成的模板数据能够完全不失真。

　　工艺制造部分的流程如下：

　　（1）图形产生：通过电子束或激光束等手段，在掩膜板的铬层上的感光胶层上进行选择性的图形曝光。

　　（2）感光层显影：对曝光后的感光层进行显影，显影溶液溶蚀指定的感光胶部分，在需要留存的铬层上形成保护膜。

　　（3）铬层刻蚀：采用专用铬腐蚀液，对铬层进行湿法刻蚀，保留下需要的图形。

　　（4）去除光阻：去除铬层上多余的感光胶。

　　（5）尺寸测量：测量掩膜板上重点关注的关键尺寸，检测图形定位精度。

　　（6）初始清洗：清洗板面，并检测全部需要测量的尺寸与指标，作为准备。

　　（7）缺陷检测：检测板面上金属铬的部位（一般不透光）上是否存在针孔，或透光部位有残余未蚀刻尽的微小图形颗粒（小岛）。依据检验标准进行筛除或放行。

　　（8）缺陷补偿：对于尺寸微小、数量少的板面缺陷，采取一定措施进行修补。

　　（9）再次清洗：清洗板面，为之后板上加保护膜作准备

　　（10）加保护膜：将保护膜（Pelicle）加在主体之上，防止板面上灰尘的吸附及伤害。

　　（12）终检：对光掩膜板作最后检测工作，以确保图形的完全正确。

　　掩膜板的质量直接会影响到光刻电路图形的质量，因为它会100%地通过光刻过程，转移到基板膜层上。所以必须对光掩膜板进行基本的检查，检查内部包括但不限于如下内容：基板、名称、板别、图形、排列、膜层关系、伤痕、图形边缘、微小尺寸、绝对尺寸、缺陷检查等。

　　由于掩膜板的重要性，一直以来掩膜板都被认为是光刻工艺必不可少的装备。但是随着投影光刻、无掩膜光刻技术等新技术的迅猛发展，掩膜板在很多场合已经不再使用，可以直接实现在基片上的选择性曝光。但在大批量生产、精度适中的应用需求场合，掩膜板仍然以其简便的操作、较高的生产效率和相对较低的生产成本，发挥着重要的作用。

6.4　光　刻　胶

　　光刻胶又被称作光阻、光致抗蚀剂，一般是指由具有光敏化学作用的高分子聚合物材料——感光树脂、增感剂和溶剂三种主要成分组成的对光敏感的混合液体，是光刻过程中重要的工艺材料。它们有两种类型：一种能在曝光时进一步聚合或者分子链形成更为坚固的形态，能够抵抗显影溶液，通常称之为负性光刻胶；另一种能在曝光时发生分解反应，分

子链断开，并且在显影溶液中会被溶液，而未被曝光的部分能够抵抗显影液，这种通常称为正性光刻胶。

　　具体来说，光刻胶中的感光树脂经光照后，在曝光区能很快地发生光敏的化学反应，使得这种材料的物理性能，特别是溶解性、亲和性等在部分区域发生明显变化；而未被曝光的区域，感光树脂的特性不会发生明显变化。对于正性光刻胶而言，曝光的区域经适当的溶剂处理，可溶解去除；对于负性光刻胶而言，曝光的区域感光树脂得到了固化，无法溶解在溶剂里；未曝光的区域，光刻胶可以溶解去除。这样处理后，就形成了一定的光刻胶图像。它的作用就是作为抗刻蚀层保护基片的表面。

　　就光敏化学反应的原理而言，短链分子聚合物可以被显影液溶解掉。如图 6.1 所示，对于正性胶，聚合物的长链分子因为光照而截断成短链分子，显影后其曝光部分就被除去。而对于负性光刻胶，短链分子因光照而交链成长链分子，显影后其曝光部分则被保留下来。

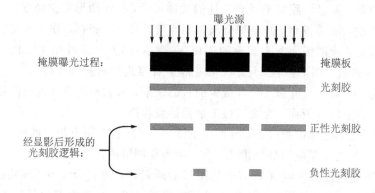

图 6.1　正性光刻胶与负性光刻胶区别

　　基于感光树脂的化学结构，光刻胶可以分为三种类型。① 光聚合型，采用烯类单体，在光作用下生成自由基，自由基再进一步引发单体聚合，最后生成聚合物，具有形成正像的特点。② 光分解型，采用含有叠氮醌类化合物的材料，经光照后，会发生光分解反应，由油溶性变为水溶性，可以制成正性胶。③ 光交联型，采用聚乙烯醇肉桂酸酯等作为光敏材料，在光的作用下，其分子中的双键被打开，并使链与链之间发生交联，形成一种不溶性的网状结构，而起到抗蚀作用，这是一种典型的负性光刻胶。

　　目前，电子光刻胶的品种主要有：

　　（1）聚甲基丙烯酸甲酯及其衍生物，典型的有 PMMA 等正性光刻胶；

　　（2）环氧系负胶，以甲基丙烯酸缩水甘油酯和丙烯酸甘油酯的共聚物 COP 为代表；

　　（3）硅酮树脂系负胶，如硅油、硅橡胶等；

　　（4）聚砜系正胶，以聚（丁烯—1—砜）PBS 为代表。

　　每一种光刻胶都经过特殊配方合成以适应某一特殊应用的需求，但所有光刻胶基本都是由树脂聚合物、溶液、光活性物质和添加剂 4 个主要成分组成。其中树脂聚合物，是光刻胶的主体，具有抗刻蚀性；溶液，使光刻胶的整体形态处于液态，便于涂在胶片上；光活性物质，控制树脂型聚合物对特定波长光的感光度；添加剂，用来控制胶的光吸收率或溶解度。

评价光刻胶的性能好坏有一系列指标，主要包括：灵敏度、对比度、抗刻蚀比、分辨率、曝光宽容度、工艺宽容度、热流动性、膨胀效应、黏度以及保质期等。下面分别说明。

光刻胶的灵敏度，也叫敏感性，是指光刻胶对电子作用反应的敏感程度，是表征光刻胶工艺能力的重要指标。灵敏度一般以单位面积上的入射电荷量表示。定义为，光刻胶上产生一个良好的图形所需一定波长光或电子束的最小能量值（或最小曝光量）。单位为毫焦每平方厘米或 mJ /cm²。光刻胶的灵敏度对于波长更短的深紫外光（DUV）、极深紫外光（EUV）等尤为重要，因为波长越短，带有的能量越小。大部分电子光刻胶的灵敏度在 $10^{-1} \mu C/m^2 \sim 10^2 \mu C/m^2$ 的数量级范围内，数值越小表明灵敏度越高，曝光所需的剂量相应较小，曝光速度也就较快。

对比度表示光刻胶对曝光吸收能量变化的敏感程度，是指光刻胶从曝光区到非曝光区的过渡区的宽度。对比度越好，显影出光刻胶图形的侧壁边缘越陡直，在后续的腐蚀、去胶过程中，也就越容易得到陡直、光滑的图形线条轮廓。在灵敏度曲线上，曲线越陡，则代表光刻胶的对比度越大，有助于获得清晰的图形和更高的分辨率。薄膜电路中常用的光刻胶对比度在 0.9～2.0 之间，对于亚微米图形，要求光刻胶对比度大于 1。通常正性光刻胶的对比度要高于负性光刻胶。

光刻胶的分辨率，是其可以实现的最小线宽与间距的尺寸，表征着解析光掩膜表面相邻图形特征的能力，简单说，就是能制作出多么细小的线条与线间距。业内一般用关键尺寸这一个指标来衡量分辨率。形成的关键尺寸越小，光刻胶的分辨率越好。光刻胶的分辨率与其平均分子量密切相关。一般而言，平均分子量较小的光刻胶有较高的图形分辨率水平。

耐热稳定性、抗刻蚀能力是评价光刻胶的两项关键指标。当光刻胶图层作为后续工艺的掩蔽层时，要求光刻胶应具有较好的耐热稳定性和良好的抗刻蚀性，即耐化学腐蚀和抗干法等离子轰击刻蚀的性能。由于后续工艺过程往往有高温退火、去应力等工艺需求，如果耐热稳定性差，则光刻胶容易在热影响下轮廓变化或黏附性变差，发生起翘，影响形成图形的质量。抗刻蚀能力又分为耐化学溶液的侵蚀和耐干法刻蚀工艺的等离子体和离子束的轰击的程度。这一性能通常以化学溶液、等离子体、离子束等外加条件刻蚀光刻胶的速率与同时刻蚀衬底、膜层材料的速率之比来表示。理想的光刻胶，应该在高速刻蚀膜层或基板材料时，自身刻蚀速率很小，这对于高深宽比沟槽、微细线条阵列的刻蚀尤其重要。此外，作为掩蔽层，自然要求光刻胶与衬底有较好的附着力，保证牢固黏着，才能减少化学腐蚀过程中溶液对线条的侧向腐蚀或干法刻蚀过程中刻蚀气体对线条的侧向轰击。同时在图形转移工艺完成后又应容易去除，确保胶膜去除过程不会损伤下部的线条。然而，这往往也是一对矛盾，需要经过大量的实践进行确定和优化。

黏滞性/黏度是衡量光刻胶流动特性的参数。光刻胶必须保持稳定的黏滞性，因为要保持一定的流动性，还要获得适当的胶层厚度。黏度越高，流动性越差，则涂胶形成的胶层厚度越大，但曝光的分辨能力也就随之降低。

黏滞性随着光刻胶中的溶剂的减少而增加；高的黏滞性会产生较厚的光刻胶，低的黏滞性就会生出更薄的胶膜。越低的黏滞性，就有越均匀的光刻胶厚度，但也容易流淌，在需要利用光刻胶的黏稠性进行图形、通孔的保护的场合，就不适用了。光刻胶的比重（SG）是衡量光刻胶的密度的指标。它与光刻胶中的固体含量有关。较大的比重意味着光刻胶中含有更多的固体，黏滞性更高、流动性更差。黏度的单位为泊（poise），光刻胶一般用厘泊（CPs，厘泊为1‰泊）来度量。百分泊即厘泊为绝对粘滞率。运动粘滞率定义为：运动粘滞率＝绝对粘滞率/比重。单位：百分斯托克斯（cs）＝cps/SG。

在具体的光刻工艺中选用什么样的光刻胶，是比较复杂的，需要慎重考虑多方面因素。应根据具体产品制作需求，确定一定的光刻条件和要求进行具体选择，如曝光源的波长，所需刻写光刻胶图形的厚度、分辨率、对比度等。例如：光刻工艺中广泛使用的 SU8 系列负性光刻胶，其优势主要是紫外波段的厚胶曝光。PMMA（Poly Methyl Methacrylate，聚甲基丙烯酸甲酯）是电子束曝光工艺中最常用的正性光刻胶，该胶最主要的特点是高分辨率、高对比度、低灵敏度。而中科微电子研发的国产负性光刻胶 BN303，虽然分辨率只有 5 微米，但性能稳定，长期实践证明，其具有良好的与基板的附着力和耐化学腐蚀特性，在微波产品的光刻生产中得到了广泛的应用。

6.5　传统光刻流程中的关键步骤

如前所述，单层薄膜电路图形的制作，采用传统光刻工艺，一般就要经历清洗、匀胶、紫外曝光、坚膜、刻蚀（腐蚀）、去胶等 11 个工步。在这些工步里，有一些步骤是十分关键的，包括匀胶、前烘、曝光、显影、坚膜、刻蚀（腐蚀）和去胶，这些步骤的材料、工艺参数、环境因素等发生变化，将会显著影响光刻图形的质量与可靠性。其他的工序，虽然也必不可少，但影响程度相对较小，如清洗、保护、烘干等是辅助操作。传统光刻流程中的关键步骤如图 6.2 所示，光刻过程示意如图 6.3 所示。

图 6.2　薄膜工艺光刻流程主要步骤

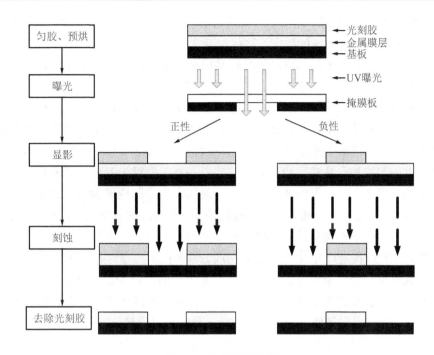

图 6.3 光刻过程示意

6.5.1 匀胶

光刻胶是薄膜工艺图形刻蚀过程中最常见、最重要的材料之一。光刻胶属于过程材料，最终不在产品上保留。它是利用光敏原理，通过局部曝光改变材料特性，使得在电路的膜层表面形成局部的保护膜，作为电路图形转移的掩膜。基于上述应用目的，对光刻胶的要求是，便于匀开形成均匀的胶膜，应同时具备光敏特性、良好的耐蚀特性、易于去除等特性。

光刻胶首先需要在电路基板表面形成均匀一致的胶层，这个过程称为匀胶。传统的匀胶方法为旋涂匀胶法，即在静止或运动状态下，将胶滴滴在基片表面，通过匀胶台高速转动形成的离心力，将光刻胶膜均匀地分散涂覆在基片表面。这个过程可以手工完成，也可以通过设备自动完成。对于没有通孔、表面较为平整的基片，很容易就能得到均匀一致的胶膜；而对于有许多通孔的基板，在孔的周边难免会出现光刻胶堆积的现象，影响到胶层厚度的均匀性。如果采用与无孔基板相同的光刻匀胶方式，孔周围就会因胶层较厚难以曝光彻底，就很难得到满意的曝光效果。特别是采用选择性电镀工艺时，孔周边的光刻胶要比电路的其他地方更厚，常规曝光参数会导致这些部分曝光不透，难以显影干净。对此，应当适量地增加曝光时间和曝光强度，否则孔周边光刻胶就难以干透，在腐蚀过程中保护作用减弱，导致孔周围膜层腐蚀中受损，无法保证孔接地的质量。但是，曝光参数具体如何选择，主要还是取决于电路的精度要求，并结合产品特点具体确定。

近年来，随着基板上通孔应用的情况日益增加，曲面和非平面基板匀胶的需求日益旺盛，业内开始使用喷胶法来在基板表面形成胶膜。喷胶法的原理是，保持基板静止，控制机器将胶液雾化成为小液滴，以一定压力和速度喷到基板表面，喷头运动路径一般以横向和纵向扫描方式覆盖整个基板。由于没有了离心力的作用，通孔周围和其他位置上喷胶条件相同，因此可以获得在整个基片上比较均匀一致的胶层厚度。但因为喷胶机理的限制，在无通孔基板上的匀胶均匀性相比旋涂匀胶法略低一些，但对于有较多通孔的基板来说，喷胶的均匀性明显优于旋涂法得到的均匀性，目前比较先进的喷胶设备可以做到优于 2％ 的匀胶均匀性。此外，也因为运动方式和途径的限制，喷胶法的效率略低于旋涂匀胶法。

因为光刻胶的有限寿命特性，匀胶过程所使用的光刻胶，必须在有效期内使用，且避光保存。整个匀胶过程最好在黄光环境中完成。每次使用完毕，需采用棕色磨口瓶或者其他能防止光线进入的容器来盛放。对于较小批量生产的情况来说，手工滴胶、匀胶的效率与可靠性较高。但手工滴胶过程中，吸管在光刻胶瓶中来回吐吸，会造成瓶体底部沉淀的杂质被搅动带起来，也容易使光刻胶产生气泡，影响匀胶质量。

考核匀胶过程的最基本指标，就是基片表面胶厚度的均匀性（即片内均匀性），以及每片之间匀胶的均匀性（即片间均匀性）。胶层的均匀性直接影响到后续曝光参数和显影参数的选取和实际的曝光以及显影效果，进而影响到最终刻蚀图形的质量。一个基片上的胶层厚度，如果出现部分区域与其他区域差别比较大，而在曝光区域的光强均匀性一致的情况，就会造成欠曝光或过曝光，继而导致显影不足或显影过度，最后导致图形腐蚀或刻蚀后图形缺损，难以使用。而决定匀胶均匀性的，首先是设备性能与具体工艺参数，其次是基片的表面状态。

6.5.2　前烘

匀胶完成后，需要对光刻胶进行烘干处理，目的是为了去除光刻胶中的水分，提高光刻胶的强度，降低其表面黏度，在接触式曝光时不易被版面或外力机械作用擦伤或者污染掩膜板。在保证光刻胶水分去除的前提下，光刻胶烘干的温度不宜过高，过高容易使光刻胶发生碳化，改变其特性。

在烘干过程中，如果操作、传递工具或动作不当，会使光刻胶膜面被外力划伤、擦伤，这是因为光刻胶膜较薄，一般情况下仅有 $1\ \mu m \sim 2\ \mu m$（也有特殊应用，如 MEMS 加工中常常需要用到几十微米厚度的胶膜），且此时的光刻胶膜还是处于较"软"状态。在烘干过程中，还应对光刻胶膜进行避光处理，如果在该环节胶膜被日光中的紫外线提前曝光，后续的显影、坚膜都会受影响，图形的质量也会受到明显影响。

6.5.3 曝光

曝光在薄膜工艺中其实是选择性曝光，或者叫掩膜曝光，即紫外射线通过掩膜板将光线选择性地照在基板表面的光刻胶上，在光刻胶膜上形成由"曝光区域"与"非曝光区域"构成的图形。我们常说的光刻机，实际上是掩膜对准曝光机，英文为 Mask Aligner。

曝光分为接触式曝光和非接触式曝光。接触式曝光，因为掩膜板面和光刻胶"零距离"接触，所以可以获得最高的图形转移精度，但也因为接触，容易造成掩膜板面受损或板面被污染，同时效率也不高。非接触式曝光是利用投影方式，将掩膜板上的图形投射在基片上。从匀胶完毕到曝光环节，应尽可能减少基片表面光刻胶见光，这是由于基片表面的光刻胶一般较薄，常规约为 $1~\mu m$ 左右，如此薄的光刻胶很容易被外界光线所影响，造成胶膜提前发生微曝光，这可能引起后续曝光环节发生的质量问题。

随着电路线条向着更精细化方向发展，电子束曝光技术逐渐发展起来，电子束曝光可以获得更加精细的曝光效果，但是也存在一些缺点，如表 6.2 所示。

表 6.2 常见曝光问题

问题描述	原 因	解决方法
图形可制造性问题	电子束曝光系统电子束斑很细，曝光效率低，需要的曝光机时多	控制芯片曝光总面积，总机时不宜超过 48 小时
电子束变剂量曝光技术问题	不同图形尺寸需要不同曝光剂量，其跨度可以为 $150~\mu C/cm^2 \sim 5000~\mu C/cm^2$	曝光剂量与显影条件相配合
抗蚀剂与基片附着力问题	与抗蚀剂本身、存储时间长短、基片材料、空气湿度有关	采用超声波异丙醇处理；热酸处理；涂增粘剂（HMDS）等
高高宽比抗蚀剂图形坍塌或粘连问题	抗蚀剂图形显影后的干燥过程中，去离子水的表面张力作用会导致结构的受力不平衡，导致局部微细结构坍塌与粘连	抗蚀剂结构高宽比不要超过 5；采用格栅和交叉结构；采用杨氏模量较大的抗蚀剂材料；利用超临界二氧化碳干燥技术
绝缘衬底电子束曝光电荷积累问题	绝缘衬底上进行电子束曝光，大量电荷不能被有效疏导，聚集在衬底表面，排斥后续的曝光电子束，导致曝光位置偏移，甚至火花放电	在绝缘体基片表面蒸镀一层导电膜（如金属膜，ITO 膜等）；在抗蚀剂表面涂一层导电胶（如 SX AR-PC 5000/90.1）
X 射线及其他电磁辐射的漫散射曝光积累问题	电子束中高能电子撞击、跃迁形成光波衍射、干涉以及二次电子和俄歇电子等原因导致感光材料感光	在基片和抗蚀剂表面镀一层金属膜，以利于疏导积累的电荷；或者尽量采用高灵敏度的电子抗蚀剂，缩短曝光时间

问题描述	原　因	解决方法
电子束邻近效应校正版图数据处理问题	电子受到散射，偏离入射方向，使不应被曝光的邻近区域被曝光，本应被曝光的区域得不到足够曝光，引起图形形变	相对简单的图形结构，采用几何修正的方法；复杂的图形结构，采用电子束邻近效应校正软件进行电子束剂量调制运算
高加速电压抗蚀剂变性问题	电子束加速电压过高，电子穿透力强，容易使衬底损伤和抗蚀剂变性	曝光过程中，曝光剂量尽量不要超过抗蚀剂规定曝光剂量太多
光刻系统导轨移动产生阿贝误差问题	导轨沿 X 反方向或 Y 方向移动时，台面与导轨之间的螺纹间隙会导致工件台有旋转和倾斜误差	在曝光软件中设置扫描曝光时场移动方式尽量不选"弓"形，最好采用"Z"形

6.5.4　显影

显影是光刻中的一个关键工步，掩膜曝光后的光刻胶并没有呈现电路图形，需要经过显影，经过显影后，正性光刻胶被曝光的部分将被溶解，负性光刻胶没有被曝光的部分将被溶解。一般来说，显影液都略带一些腐蚀性，比如正性光刻胶经常采用弱碱(千分之三的氢氧化钠)来充当其显影液，此时应特别注意显影液对事先制作在基板表面的金属膜层的影响。

显影质量的优劣直接决定着电路图形质量的优劣，显影过程对于环境要求高，应在黄光照明，且洁净度优于 1000 级的环境中进行。显影时，光刻胶还处于较软状态，不得使胶面发生摩擦、碰撞，最好采用专用花篮完成显影操作。

分杯显影可以有效提高显影质量，对于质量要求较高的产品，显影完后，应进行清洗，清洗需采用与光刻胶相配套的清洗剂。

6.5.5　坚膜

与前烘一样，坚膜也是一个热处理步骤。显影完成后的胶膜比较软，易于被划伤、擦伤，同时较软的胶膜在溶液中也容易发生微小的脱起，需要进行坚膜。坚膜的目的是使光刻胶变得更加坚硬，以便承受接下来的腐蚀或者其他种类的刻蚀工作。其本质就是在一定的温度下，对显影后的薄膜电路板表面光刻胶进行烘焙。经过显影的光刻胶膜已经软化、膨胀，胶膜与晶圆片表面之间的黏附性下降。坚膜的目的是要使残留的光刻胶溶剂全部挥发，提高光刻胶与晶圆片表面的黏附性以及光刻胶的抗腐蚀能力，使光刻胶确实能够起到保护作用，为下一步的刻蚀做好准备。坚膜同时也除去了剩余的显影液和水。

6.5.6 刻蚀

传统的刻蚀是使用各种溶液或者混合液对不同的成膜膜层进行腐蚀的过程，这种刻蚀又称湿法刻蚀，湿法刻蚀可以成功得到 $10~\mu m$ 以上尺寸结构的电路线条。伴随着电路图形的微细化，特别是线条尺寸达到 $10~\mu m$ 以下时，湿法技术固有的侧向腐蚀问题，会导致刻蚀效果下降明显。在此背景下，人们开发出新的刻蚀方法，根据这些刻蚀方法，以及具体的应用，市场上也逐渐开发出许多相关的刻蚀设备，这些设备主要使用的是以各种等离子体为媒质的刻蚀方法。刻蚀的主要分类如表 6.3 和表 6.4 所示。

表 6.3 湿法刻蚀

刻蚀效果	刻蚀速率	反应机制	方向性
一般	快	化学反应	各向同性

表 6.4 干法刻蚀

分 类	反应气体	反应机制	方向性
激发气体刻蚀	CF_4 SF_6	化学反应	各向同性
等离子体刻蚀	CF_4 SF_6	化学反应	各向同性
反应离子刻蚀（RIE）	$CF_4 + H_2$ $C_4 F_8$ Cl_2 CCl_4	物理/化学反应	各向异性
溅射刻蚀	Ar	物理反应	各向异性
反应离子束刻蚀	$C_4 F_8$ CCl_4	物理/化学反应	各向异性
溅射离子束刻蚀	Ar	物理反应	各向异性

因此，湿刻腐蚀属于传统工艺，具有批量化生产的特点，目前仍被各生产线广泛使用，干法刻蚀是一种新兴的刻蚀工艺，对设备的依赖性较强，其刻蚀效率不如湿法刻蚀，但是刻蚀效果非常好，下面就详细描述。

1. 湿法刻蚀技术

湿法刻蚀是薄膜电路中最常见的一种刻蚀技术，这种刻蚀方法对设备要求较低，刻蚀成本较小，被广泛应用于薄膜电路行业，但是其刻蚀过程具有各向同性的特点，在腐蚀掉薄膜的同时，还会伴随着侧向刻蚀。因此，在一些刻蚀精度要求较高的场合，湿法刻蚀技术只能望洋兴叹了。

湿法刻蚀还有成本低、对基材基本没有损伤等优点。用抗蚀光刻胶保护住电路区域，而未保护的区域则在腐蚀剂中溶去。采用各个膜层相匹配的腐蚀药剂，通过精确控制温度和时间，将不要的膜层部分逐层腐蚀掉，在基底上留下了需要的电路图形。良好的腐蚀剂应能很快溶解掉相对应的金属膜，而对光刻胶和其他金属膜层很少腐蚀。光刻时所得图形的清晰度决定于掩模质量、抗蚀光刻胶的特性、厚度、均匀度、曝光质量、显影及腐蚀技术等。

表 6.5 列出了一些常用的薄膜及其腐蚀剂。

表 6.5　常见金属薄膜的腐蚀

膜	常用腐蚀剂配方
钽（氮化钽）	氢氟酸和硝酸混合物 氢氟酸和过氧化氢
镍铬（80∶20）	盐酸 盐酸和氯化铜混合物 专用腐蚀液配方：硫酸高铈与硝酸混合溶液
金	王水 碘化钾和碘的混合物
铝	氢氧化钠 磷酸
钛	氢氟酸（稀释） H_3PO_4 H_2SO_4
铜	三氯化铁 硝酸
钛钨（90∶10）	过氧化氢 氢氟酸和硝酸混合物
Al	$H_3PO_4 - HNO_3 - CH_3COOH$ $KOH - K_3[Fe(CN)_6]$ HCl H_3PO_4

刻蚀速率是湿法刻蚀中的一项关键参数，习惯上把单位时间内去除掉材料的厚度定义为刻蚀速率 $= \dfrac{\Delta d}{t}(\text{Å/min})$，如图 6.4 所示。

刻蚀前　　　　　　　　　　　刻蚀后

图 6.4　刻蚀速率示意图

刻蚀速率一般由工艺和腐蚀液以及设备的参数决定。

选择比也是湿法刻蚀中的一项关键参数，即在同一刻蚀条件下，被刻蚀薄膜材料在其目标刻蚀方向上的刻蚀速率与垂直目标方向的刻蚀速率的比值。在薄膜电路图形制作工艺中，希望刻蚀的选择比越大越好。绝大部分情况下湿法腐蚀是各向同性的，也就是说选择比为 1 : 1，但是在一些特殊腐蚀液、超声腐蚀、喷淋腐蚀等条件下，会获得较好的选择比。

刻蚀的均匀性是衡量刻蚀工艺在整个薄膜基板上腐蚀速度的一项参数，刻蚀的均匀性越高越好，一般可以通过对溶液加温、搅拌来提升刻蚀均匀性。

2. 等离子体刻蚀，激发气体刻蚀

在等离子体中，基本的气体被电离，产生离子、电子、激发原子(亦称游离基)等，因而具有很强的化学活性。如果采用氟利昂，由 CF_4 产生等离子体，就会产生如图 6.5 所示的各种各样的分解生成物。其中 F^* (氟的游离基，即被激发的氟)有极强的化学活性，易于和处于等离子体中的材料，例如 Si，SiO_2，Si_3N_4 等发生如下的反应，对其进行刻蚀。此外，几乎所有生成物都是蒸汽压很高的气体，可以抽气排除，因此刻蚀可以顺利进行。由于这种方法以等离子体为主体，故一般称为等离子体刻蚀。

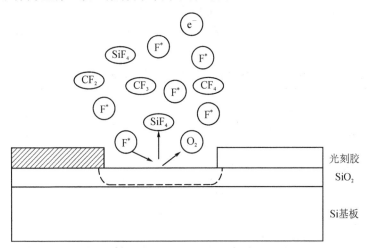

图 6.5　氟利昂等离子体产生的刻蚀

发生的刻蚀反应是

$$Si + 4F^* \rightarrow SiF_4 \uparrow \qquad\qquad (6-1)$$

$$SiO_2 + 4F^* \rightarrow SiF_4 \uparrow + O_2 \uparrow \tag{6-2}$$

$$Si_3N_4 + 12F^* \rightarrow 3SiF_4 \uparrow + 2N_2 \uparrow \tag{6-3}$$

活性基不受电场的影响，处于随机的热运动之中，因此刻蚀为各向异性的。各向同性的刻蚀尺寸为 $3~\mu m$ 左右；若想加工更为精细的图形，需要采用各向异性刻蚀。等离子体刻蚀生产效率高，多用于最小加工尺寸 $3~\mu m$ 以上的图形刻蚀。

关于这种刻蚀的机理至今仍待完善。但干法刻蚀具有无公害、容易实现自动化等优点，在半导体元器件生产中已经使用。此外，如果用氧的等离子体，则可以将光刻胶等有机物灰化，因此在薄膜行业中去除光刻胶时也经常使用，市场上已经有多种采用该原理制成的"干法去胶机"，同时利用这种方法的各向同性刻蚀原理，也可制成"等离子清洗机"，在薄膜行业中广为使用。

3. 反应离子刻蚀

反应离子刻蚀（Reactive Ion Etching，RIE）可以说是等离子刻蚀的升级版，它是在等离子刻蚀的基础上增加了下电极的负压装置，使离子能够更好地垂直于基板入射，便于实现各向异性刻蚀。

在 RIE 等离子中，存在大量反应气体的激活原子和活性基，如果仅考虑其产生的化学刻蚀，似乎应该是各向同性。但是考虑到离子几乎垂直于基片表面入射，可以认为，在平行于基板表面方向，只有活性基参与刻蚀，而在垂直基板表面方向，有离子和活性基双方参与刻蚀。也就是说，在垂直于基板表面方向上，除了物理效应（离子轰击产生的溅射效应）之外，由于以下的物理化学效应（活性基造成的化学反应＋离子轰击）而产生各向异性刻蚀。由于 RIE 属于反应刻蚀，因此不同的材料在进行 RIE 刻蚀时，所需的气体种类有所不同，如表 6.6 所示。

表 6.6　RIE 刻蚀材料及相应刻蚀气体实例

材料	气体
Poly - Si	CF_4/O_2，CCl_4，CCl_4/He，CCl_2F_2，Cl_2，$Cl_2/CBrF_3$，$CBrF_3/N_2$，SF_6，NF_3，CCl_3F
Si	CCl_2F_2，CF_4，CF_4/O_2
Si_3N_4	CF_4/O_2，CF_4，CF_4/H_2
SiO_2	CF_4/H_2，CHF_3，CHF_3/O_2，CHF_3/CO_2
Al	CCl_4，CCl_4/He

在 RIE 的刻蚀过程中，存在多种不同的微观反应过程，具体如下：

（1）化学溅射。入射离子的能量可促进活性基与基板表面原子间的化学反应。

（2）化学增强溅射。离子轰击可促进活性基与基板表面原子化学反应中间产物的脱离。

　　(3) 损伤增强模式。离子轰击形成结合变弱的损伤层，并由此促进化学反应。

　　(4) 离子引起的脱附。在离子轰击作用下，表面层下捕集的反应生成物由表面脱离。

　　除此之外，还应考虑反应性离子与基板原子的直接反应机制等。在上述几种机制中，化学增强溅射在 RIE 过程中最为重要。

　　RIE 问世以来，人们就担心该过程可能会对产品造成污染，可能原因有：

　　(1) 刻蚀气体及管路的洁净程度；

　　(2) 刻蚀腔体内壁的洁净程度及其构成材料；

　　(3) 被刻蚀产品间的交叉污染；

　　(4) 上下料过程中的污染等。

　　其中，影响最大的是前两项。

4. ICP 刻蚀

　　感应耦合型等离子体(Inductive Coupled Plasma，ICP)刻蚀，是通过在反应室(放电室)上增加螺旋线圈或螺旋状电极输入高频电场，在反应室中产生高密度等离子体($n_e = 10^{11}$ cm^{-3} ～ 10^{12} cm^{-3})，基板置于反应室分离的刻蚀室，离子和活性基被输送至刻蚀室对基板进行刻蚀。

　　相比于 RIE，ICP 技术中的射频功率是通过感应线圈从外部耦合到等离子发生腔体的。感应耦合等离子体刻蚀过程既可以产生很高的等离子密度，又可以调节离子轰击的能量及方向，这样可满足高刻蚀速率与高选择比。ICP 刻蚀主要的参数以及其作用如表 6.7 所示。

　　按照刻蚀的材料种类分，ICP 工艺的主要应用领域是：刻蚀金属类薄膜、刻蚀 Si 等非金属材料。

表 6.7　刻蚀中的相关参数

刻蚀参数	参数的主要作用
工作压力的选择	对于不同的要求，工作压力选择很重要，压力取决于通气量和泵的抽速，合理的压力设置可以增加对反应速率的控制、增加反应气体的有效利用率等
RF 功率的选择	RF 功率可以决定刻蚀过程中物理轰击所占的比重，对于刻蚀速率和选择比起到关键作用。RF 功率、反应气体的选择和气体通入的方式可以控制刻蚀过程为同步刻蚀或是 BOSCH 刻蚀工艺
ICP 功率	对于气体离化率起到关键作用，保证反应气体的充分利用。在气体流量一定的情况下，随着 ICP 功率的增加气体离化率也相应增加，但增加到一定程度时，离化率将达到饱和，此时如果继续增加 ICP 功率将会造成浪费
气体的选择和配比	决定了刻蚀过程物理与化学反应的占比，也可实现钝化保护辅助刻蚀的工艺

第7章　电　镀　金

7.1　薄膜工艺中电镀的意义

电镀工艺是利用电解的原理在导电体表面覆盖一层金属的方法。薄膜电路电镀的目的主要是提高导电带线条的导通性能，满足键合需求，提高可焊性或耐焊性等。按照溶液体系来分，薄膜电路电镀可以分为有氰电镀和无氰电镀；按照电流方式来分，可分为直流电镀和脉冲电镀；按照薄膜电路制作流程来分，可以分为图形电镀和整板电镀。

正如前文所说，薄膜电路的形成，首先是溅射成膜。然而溅射的膜层一般较薄，厚度在亚微米级甚至更低，这个状态下的膜层用于电路的导电，难以满足微波电路的需求，往往需要通过电镀来加厚膜层。导电层一般均采用电导率高、理化性质稳定性高的金作为功能层，以完成相关微波或装联需求。在微波薄膜电路中，最常用的电镀材料是金。

金的化学性质稳定，电导率优良，金膜层通过电镀可达微米级，而一个 $5\ \mu m$ 左右厚度的金膜层，其方块电阻不超过 $5\ m\Omega$，可实现薄膜电路的良好导通。如果没有电镀，仅依靠溅射金层，方块电阻一般在 $1\ \Omega \sim 5\ \Omega$（亚微米级厚度），这个状态下的金层难以直接应用于微波电路。例如溅射 TiW‑Ni‑Au 膜层，其中 TiW 是附着层，Ni 是焊接层、Au 是功能层，但是溅射过程中的金层一般仅仅只做到亚微米级，然后通过电镀的方式将金层加厚至微米级，实现导电性、压焊兼容性等要求。金层加厚方法多样，可以综合采用各种物理、化学等工艺，其中电镀加厚金层效率高、均匀性好、成本较低，而应用最为广泛。由于在薄膜电路的成膜过程中，很容易溅射出 Au（籽金层），具有一定的导电性，因此采用电镀金的方式，很容易实现金层的加厚。

化学镀金的优点是要镀的部分不需要电气连接，缺点是镀液难以维护，需要用化学镍作为打底层，且其镀金原理是采用置换反应，因此能达到的镀金厚度是非常有限的，这也是薄膜电路基本不采用化学镀金方式的原因，另外化学镀金难以提高镀金层的纯度，在微波电路中使用存在其他风险。

正如表 7.1 所示，电镀金也有自身的缺点。但是考虑到薄膜电路产品一般为平面结构，且整板电镀的情况居多。所以电镀金的劣势在薄膜电路方面表现得并不突出。

表 7.1 化学镀金和电镀金的优劣势对比

镀金方式	优 势	劣 势
化学镀金	待镀金的部分不需要电气连接；在一些具有盲埋腔或者特殊结构的工件上镀金，仍能保持较好的均匀性	金层纯度差；需要进行化学镍打底；镀液维护难度高；金层耐磨性、致密性较差
电镀金	纯度高；溶液易于维护	镀金部分需要电气连接；特殊工件电镀均匀性难以保证，需要辅助阳极

微波电路对薄膜工艺提出了膜层必须导电率低的要求。由于微波的传输损耗来源于匹配、金属损耗、介质损耗等，其中金属损耗就与电路的导电性息息相关，一般来说金膜层的厚度不得小于 3 倍的微波趋肤深度。

薄膜电路的装配过程对其膜的厚度有一定的要求。金丝、带压接工艺是薄膜电路表面非常常见的装配方式，而压接过程一般是采用超声波、加热、加压等方式把金丝、带键合到薄膜电路表面带线。这个过程中，薄膜电路表面金层厚度太薄时会导致键合失效。

GJB4057—2000《军用电子设备印制电路板设计要求》中规定，用于锡铅焊接的金层厚度应该处于 $0.13\ \mu m \sim 0.45\ \mu m$ 之间，如果金层过厚，锡焊过程容易产生 $AuSn_2$、$AuSn_4$ 等脆性化合物，引起焊点可靠性问题。规定用于热超声、热压焊金属线焊接区域的金层应大于 $0.8\ \mu m$。实际生产中，一般都要求控制在 $1.25\ \mu m$ 以上。

因此，电镀是微波薄膜电路中必不可少的一个环节。

7.2 电镀金原理

电镀金时，一般采用铂钛网材料作为阳极，当电源加在铂钛网（阳极）和薄膜电路基板（阴极）之间时，镀金液内会产生电场，离子在电场作用下定向移动。阴极附近的络合态金离子与电子结合后，形成金原子并附着在薄膜电路基板表面籽金层上，形成电镀金层。

1. 电化学基本概念

电化学是研究化学现象和电现象之间关系的科学，或者说是研究化学能与电能之间相互转换关系的科学。电化学研究的对象包括：第一类导体、第二类导体、两类导体的界面性质以及界面上所发生的一切变化。

2. 导体

可以导电的物质称为导体。根据传导电流的电荷载体（载流子）的不同，可以将导体分为两类：由电子来传导电流的导体称为第一类导体；依靠离子的定向移动来传导电流的导体称为第二类导体或离子导体。

　　属于第一类导体的物质有金属、合金、石墨、碳以及某些金属的氧化物或碳化物。电镀生产中使用的各种导线、汇流排、导电棒以及各种阳极板等，均由第一类导体制作。虽然以上物质均属于"导体"，但由它们制成的各种物体的导电率却各不相同，这是因为它们阻滞电流的能力，即电阻各不相同。电阻越大，导电能力越差。物体的电阻与其本身性质和几何形状密切相关：电阻与物体的长度呈正比，与物体的横截面积呈反比，即 $R = \rho \dfrac{l}{A}$，其中 R 为物体的电阻；l 是物体的几何长度；A 为电流通过方向上的横截面积；ρ 是个系数，称为电阻率，它代表长 1 cm、截面积为 1 cm^2 这样一段物体的电阻。电阻率的数值通常随温度的升高而增大。为了避免和减少导电过程中导体的升温现象，一般要使用电阻率小的银、铜等作为导体，在使用时还必须有足够大的导电截面，导体不宜过长，同时两导体的连接必须紧固，接触面要保持清洁。

　　电解质溶液、熔融电解质和固体电解质都属于第二类导体。电解质溶液是最为常见的第二类导体，电镀生产中的除油溶液、浸蚀溶液以及各类电镀电解液等都属于这类导体。第二类导体的导电能力一般比第一类导体小得多。与第一类导体相反，第二类导体的电阻率随温度升高而变小，大量实验证明，温度每升高 1 ℃，第二类导体的电阻率大约减小 2%。

　　浸在电解质溶液中的两个电极，与外加电流电压接通后，强制电流在体系中通过，从而在电极发生化学反应，这种装置就叫做电解池。电镀、电铸和电解加工都是在这类装置中进行的。此处提到的电极，实际上是一个第一类导体与第二类导体的串联体系，在两类导体之间存在着一个界面。为了使电流在电解池中通过，则在两类导体的界面上必然会有得失电子的化学反应发生。这种在两类导体界面间进行的、有电子参加的化学反应称为电极反应。在阴极和阳极上发生的电极反应分别叫做阴极反应和阳极反应。

3. 溶质传递方式

　　除去第一、二类导体，为了使反应顺利进行，还需要在电解质溶液中加入用于运输电荷的载体，这种载体通常是带有正、负电荷的粒子（团），称为载流子。

　　在电解质溶液中载流子的传递方式，即运动方式有以下三种：对流、扩散以及电迁移。

　　所谓对流，指的是一部分溶液相对于另一部分溶液的整体相对运动，对流发生时溶质粒子随着液体一起流动，液体内部并未发生溶质粒子和溶剂分子之间的相对运动。通常根据是否有外力存在，可将对流分为两种：自然对流和强制对流。自然对流是某一过程中自然发生的，比如电镀过程中电解质溶液中由于反应消耗或产生粒子以及产生或消耗热量导致溶液密度局部降低或升高，阳极板上生成气态产物对溶液的搅拌。强制对流是人工施予外力造成的对流，例如电镀过程采用机械搅拌或压缩空气搅拌。

当溶液中某一组分存在着浓度差时，该组分将顺着浓度梯度从浓度高的地方向浓度低的地方运动，这种传递运动叫做扩散。例如，当电极上有电流通过时，由于电极上电化学反应消耗了反应物粒子并形成了反应产物，就会使反应物或产物在电极附近液体层中的浓度发生变化，即与非反应区域的溶液本体形成了浓度差，从而出现溶质粒子的扩散。

当溶液中有足够高浓度的金盐离子作为电解质时，通过电迁移所传递的物质可忽略不计，并且电镀过程对溶液有外加电场，因此，无需考虑电迁移。

4. 电解质溶液体系

为镀覆不同种类、不同功能、不同特点的金属镀层，电镀溶液体系形式多样、类别复杂，但究其根本，主要构成成分可以分为主盐、导电盐、缓冲剂、阳极去极化剂和添加剂等。

主盐是能在阴极上沉积出所需镀层的金属盐，是镀液的主要组分之一。络合镀液中的镀层金属离子主要以络合离子的形式分散在电解质溶液中，以获得更高的阴极极化从而得到更为细致的镀层，同时提高电解质溶液的深镀能力和分散能力。随着主盐浓度增高，溶液导电性和电流效率就随之升高，但成本过高；主盐浓度降低，溶液分散能力和覆盖能力都比浓溶液优异，但可采用的阴极电流密度范围小，效率较低。（因为形成晶核的阈值电流密度，在该阈值之下无法形成结晶。而过高的电流密度，超出了电解质溶液承载能力，就会出现镀层"烧焦"的问题。）

导电盐，顾名思义，可以显著提高溶液的电导率，通常是不会与金属离子发生络合反应的碱土金属盐类，包括铵盐。一定范围内提高导电盐的浓度有利于形成较为细致的镀层。但也会一定程度降低阴极电流效率和阴极电流密度上限，增加镀层的孔隙率。

缓冲剂是电解质溶液，即电镀溶液体系中极为重要的组分之一，它的作用是在电镀这一动态平衡过程中，使溶液体系在酸碱度发生变化时溶液整体 pH 变化幅度减小，一般是由弱酸和弱酸的酸式盐组成。不管任何缓冲剂都只能在一定的 pH 范围内发挥较好的缓冲作用。

同时，为了改善电镀的溶液性能和镀层质量，一般需要加入少量特定有机物或金属化合物等无机物，这类物质统称为添加剂。根据添加剂的功能可将其分为润湿剂（降低溶液表面张力提高深镀能力）、光亮剂（使镀层光亮）以及整平剂（选择性吸附使待镀件镀层表面微观谷处比峰处获得较厚镀层能力）等。

在上述组分构成的特定溶液体系中接通直流电源后，电解质溶液（镀液）内部由阳极和阴极构成回路。外电路中自由电荷在电源激发下向阴极定向移动，当镀液中阳极累积一定数目正电荷后，即会吸引携带负电荷的粒子持续不断地向阳极移动并在阳极表面附近放电、释放自由电子。与此同时主盐离子不断受到电极上累积的自由电荷所形成电场的吸引向阴极定向流动，最后在待镀件表面附近放电（得到电荷）转化为单质粒子沉积到待镀件的表面，通过结晶原子的长大，形成金属镀层。

7.3　薄膜电路中常用的镀金体系

镀金工艺从发明到应用至今已有一百多年历史，镀液体系非常繁杂。目前，国内外常用的镀金液有氰化物镀金液和无氰化物镀液两大类。

在氰化物镀金液中有高氰和低氰之分，高氰镀金液中又有 pH 值在 9 以上的碱性氰化物镀金液（高温及低温）和 pH 值在 6～9 之间的中性及弱碱性氰化物镀金液。低氰酸性镀金液又称微氰镀金液（pH 值在 3～6 之间），以柠檬酸盐镀金液居多。无氰镀金液以亚硫酸盐镀金液应用较广。

高氰化物镀金液由于大量使用剧毒氰化物，在安全生产、环境保护等方面有很大缺陷，在工业领域的应用受到严重限制。但是抛去有毒有害这些问题，就镀金质量而言，高氰化物镀金溶液稳定，可获得质量优良的镀金层。但是，目前各薄膜电路生产场所一般都不采用高氰化物镀金方法。

1. 无氰镀金液

无氰镀金工艺起步较晚，在 20 世纪 70 年代，人们才开始研究替代有毒的氰化物镀金工艺。1962 年，美国专利 US3057789 的提出者 Smith 提出用以亚硫酸盐为配合物替代氰化物来进行镀金的工艺，但该工艺的镀液稳定性较差，他建议可以在镀液中添加辅助配位剂，如乙二胺四乙酸二钠，来提高镀液的稳定性，以及 pH 的使用范围。随后亚硫酸镀金体系不断地改进和优化，直到目前，人们对无氰电镀工艺的研究还不够深入。随着我国出台淘汰氰化物镀金工艺相关法案，各企业单位开始着手加大研发无氰镀金工艺的力度，大大推动了无氰镀金工艺的研究进展。

无氰镀金工艺主要存在以下几个问题：

（1）使用成本高。无氰镀金液成分复杂，添加的络合物较昂贵，制作环境复杂，镀液的稳定性差，镀液使用寿命短。以上几点促成了无氰电镀相对的综合成本较高。

（2）镀液稳定性不好。无氰镀金液有一些性能还要优于氰化物镀金液，如覆盖能力和深镀能力。但是，相比于氰化物镀金液，无氰镀金液的稳定性要差很多。这主要是因为镀液中形成的金的络合物稳定性差，在电镀过程中容易发生分解。目前尚无法彻底解决无氰镀金液稳定性的问题，只能够在电镀过程中不断补充络合物，但随着电镀的进行，镀液的性能会下降，镀层的质量无法保证，对于合金镀层，镀层的合金比例也无法严格控制。

（3）镀层性能不好。无氰镀金工艺的镀金液稳定性差，电镀持续时间有限，同时电流密度上限又低于氰化物镀金工艺，所以无法电镀厚金。此外，无氰镀金的镀层没有氰化物镀金的镀层致密，硬度、耐磨性等性能都在一定程度上比氰化物镀金的镀层差。

目前，在众多的无氰镀金及其合金工艺中，亚硫酸盐体系电镀金工艺最为成熟，得到了业内人士的普遍认可。亚硫酸金盐镀金液是薄膜电路领域中最常用的无氰镀金液，亚硫酸盐镀金液的主盐是金与亚硫酸盐形成的络合物，镀液无毒，分散能力和覆盖能力较好，镀层光亮致密，与基体或底金属结合牢固，耐酸和抗盐雾性能都比较好。

无氰亚硫酸盐的配方如表 7.2 所示，它的配制方法是：首先量取一定量的纯水，加热到 50℃，然后加入亚硫酸铵，搅拌使其溶解，再加入亚硫酸金盐，边加边搅拌，使其溶解，然后加入柠檬酸钾，溶解后将溶液加热到 60℃。待溶液冷却后加入纯水，将金含量调至所需数值（金含量以 10 g/L～15 g/L 为佳），搅拌均匀后，通过柠檬酸和氨水来调整 pH 值至 8。亚硫酸金盐溶液的电镀温度一般在 30℃～40℃，电镀密度应控制在 2 mA/cm²～3 mA/cm²。

表 7.2　无氰亚硫酸金盐配方

成　分	配　比
亚硫酸金盐	80 g/L～100 g/L
柠檬酸钾	100 g/L～140 g/L
亚硫酸铵	200 g/L～250 g/L
柠檬酸	—
氨水	—

当然也有其他配方的亚硫酸金盐镀液，比如柠檬酸钾、氯化钾等。在没有亚硫酸金盐的情况下亦可制作镀液，方法如下：称取碎金丝、金屑等，依次用丙酮超声清洗，乙醇超声清洗，再用纯水冲洗干净，烘干；用王水（盐酸：硝酸＝3:1）使其完全溶解，生成氯化金；氯化金溶液用水浴锅加热到 80℃～85℃，使溶液浓缩到含金量为 20%～25%（重量比）；配制 50% 的氢氧化钾溶液，用滴管向氯化金溶液中缓慢滴加氢氧化钾溶液，边滴边搅拌（此反应为放热反应，应缓慢滴加，温度小于等于 25℃），至 pH＝6～8（氯化金钾溶液呈酱红色）；配置亚硫酸铵溶液，将氯化金钾溶液逐渐加入到亚硫酸铵溶液中，同时加入适量的氢氧化钾稀释液调整 pH＝8（溶液呈黄色透明状）；加热溶液到 75℃，加入适量柠檬酸钾，冷却到室温后，加入纯水至目标镀液体积，搅拌均匀后调整 pH 值至 8。

亚硫酸金盐在电镀过程反应方程式如下：

$$Au(SO_3)_2^{3-} + e^- = Au + 2SO_3^{2-} \tag{7-1}$$

阳极上的反应为金原子失去电子而被氧化成 Au^+，在镀液中，与亚硫酸根发生络合反应生成 $Au(SO_3)_2^{3-}$，反应方程式如下：

$$Au - e^- = Au^+$$
$$Au^+ + 2SO_3^{2-} = Au(SO_3)_2^{3-} \tag{7-2}$$

亚硫酸金盐镀金溶液的维护是：要定期加少许氨水严格控制镀液 pH 值，防止亚硫酸盐被氧化；清除镀液表面悬浮物，清理槽壁表面污物；镀液长时间使用，槽底出现无色透明的硫酸钾结晶物，可过滤后使用。

2. 微氰镀金液

相比于高氰镀液和无氰镀液，微氰镀液是一种折中选择，在薄膜电路电镀金领域有着非常广泛的应用。其中低柠檬酸盐镀金体系，属酸性镀液，微氰，溶液稳定，镀层平滑致密，几乎无孔隙(镀层孔隙率是考查电镀质量的一个重要指标)。

表7.3列出了一种常用的镀金液配方。电镀时 pH 值应控制在 3～4.5 之间，溶液在常温(15℃～30℃)下即可，电流密度控制在 5 mA/cm² ～8 mA/cm²。

表 7.3　低柠檬酸盐镀金液配方

成　分	配　比
氰化金钾	10 g/L～20 g/L
柠檬酸钾	100 g/L～140 g/L
酒石酸锑钾	0.8 g/L～1.5 g/L
添加剂	2 g/L～4 g/L

同样，微氰镀金液配方较多，除了上述配方之外，也可以使用氰化亚金钾和柠檬酸三铵等配置，不同的镀液器 pH 值范围和电镀温度等都略有差异。

3. 镀金液常见问题及处理方法

不同配方体系的镀金液有着不同的特征状态，在薄膜电路领域最经常使用的是亚硫酸金盐镀金液和微氰镀金液。表7.4和7.5分别给出了两种不同镀金液体系的常见问题及解决方法。

表 7.4　亚硫酸金盐镀金常见故障及解决办法

序号	故障现象	可能原因	解决方法
1	阴极效率低，沉积速度慢，镀层色泽也差	① 主盐含量低 ② 亚硫酸盐过高 ③ pH 值偏高	① 添加主盐 ② 添加主盐 ③ 调节提高 pH 值
2	镀层粗糙无光泽	① 亚硫酸盐低 ② 温度低 ③ 络合剂或有机添加集过低	① 添加亚硫酸盐 ② 升高温度 ③ 相应增加其含量
3	镀层出现脆性	① 温度过低 ② 阴极电流密度过大	① 升高温度 ② 降低阴极电流密度

序号	故障现象	可能原因	解决方法
4	镀层色泽偏红发暗	柠檬酸钾含量少	添加柠檬酸钾
5	镀液浑浊	① 亚硫酸铵分解 ② pH 值低	① 过滤后，添加亚硫酸铵 ② 过滤后，调节升高 pH 值
6	镀液中有黑色沉淀物	局部温度过高	过滤后，注意均匀加热，加强搅拌
7	镀层与溅射层结合力差	① 前处理不良 ② 置换镀层 ③ 镀液中带入有机物	① 加强前处理 ② 带电入槽 ③ 用木炭吸附

表 7.5 微氰化物镀金常见故障及解决方法

序号	故障现象	可能原因	解决方法
1	镀层色泽暗淡	① 金含量低 ② 阴极电流密度太低	① 添加氰化金钾 ② 提高阴极电流密度
2	镀层粗糙	① 金含量过高 ② 阴极电流密度过高 ③ 温度过高	① 添加适量去离子水 ② 降低阴极电流密度 ③ 降温

7.4 电镀前处理

电镀前处理是为了使待镀工件表面足够干净，即工件表面无外来污垢、无油污染、无氧化物、表面是活化的，也就是说金属表面的晶格暴露得很新鲜。以上的处理都是为了提高镀层与基材的结合力。

电镀生产工艺流程通常都划分为三段：前处理、镀覆处理以及后处理。每段工艺流程由一道或多道化学处理工序和紧随其后的清洗工序组成，以实现每段工艺流程预定的技术目标。前处理工艺流程就是电镀生产最先开始执行的流程，目标是：为在待镀件表面获得结合牢固、质量满足技术要求的镀覆层做准备，是最基础、最重要的工艺流程。前处理工艺方法通常有：机械处理、除油处理、浸蚀处理、电抛光以及化学抛光等。

待镀产品经历各种制造工艺的加工，其表面总会残留不同工艺加工时留下的污染物，这些污染物若不被清除干净，必将严重阻碍镀覆层结晶在零件表面上正常形成和生长，阻碍镀覆层与基体牢固地结合。污染物可能包括：干涸的图形刻蚀溶液、金属残渣、有机沾污以及静电吸附的灰尘等。不同污染物在待镀产品表面上黏附的形态与强度各不相同，有的属于机械黏附，有的属于物理黏附，有的则属于化学黏附。影响着清理方法的选择和清理的难度。

机械处理常常用于消除待镀件表面上存在的氧化物、锈蚀、毛刺、夹杂物和干涸的污垢等表面污染，以达到整平和提高光泽度的目的。常用工艺方法有：磨光、抛光、刷光以及喷砂喷丸等。

浸蚀处理是电镀前处理工艺流程中的重要工序之一，其目的就是要彻底清除待镀件表面上的氧化物等杂质，使被镀覆面彻底显露出基体金属的晶格且处于活化状态，使镀层金属结晶能够在金属晶格表面上直接沉积，保证镀层金属与金属基体之间有足够良好的结合力。

除油处理就是要将所有附着在待镀件表面的油脂类、矿物油、水溶性污染物、粉末微粒等油脂性质污染物清除干净。至今尚无定量评价除油后待镀件表面清洁程度的标准方法，但可以遵循电镀行业的行规"目视观测水膜试验法"定性判断除油后待镀件的表面清洁程度。该方法为：在经除油待镀件表面，浸渍清洁水膜，放置数秒至数十秒之后，如果水膜仍完整，无破裂、中断或形成斑块状的不连续水膜，说明表面已被清除干净。

除油的方法很多，比如：擦拭、热水—水蒸气除油、有机溶剂除油、碱性化学除油、超声波除油以及电解除油等。不同方法机制与除油能力各不相同，除油后所能达到的清洁程度也各异。

按照电镀生产的特点，有必要将除油工序分为"除油"和"精除油"两个工步。除油工序只需将待镀件表面的幼稚型污染物清除干净、达到不妨碍和减轻"精除油"工序负担的目标即可，除油后的表面清洁程度，并非一定要严格达到"目视观测水膜试验法"所规定的标准。

电镀加厚金层的前处理，可以分为粗除油和精除油两部分。粗除油一般采用有机溶剂擦拭或浸泡，以去除金层表面的有机残留物和部分固体大颗粒。精除油是针对黏附特别牢固的干涸的光刻胶，以及难以去除的静电吸附物。一般采用机械抛磨、刷洗、喷淋或化学浸蚀。

完成前处理后，使用去离子水将基板冲洗干净，即可下槽电镀。

7.5　电镀金过程控制

电镀金的过程控制包括温度控制、电流方式及密度控制、工件摆动控制、电镀时间控制等。其中温度控制与镀液体系相关，不同的镀液体系要求的电镀温度不同，温度过高会导致溶液成分分解析出，温度过低会导致溶液离子移动速度太低，电镀效率差。电镀在电镀过程中，只需要控制溶液温度在合理范围内即可。电镀时间是控制镀层厚度的最直接参数，一个稳定的镀液体系，在金含量一定的情况下，规定时间内镀在薄膜电路表面的厚度完全可以控制。电镀金装置原理如图 7.1 所示。

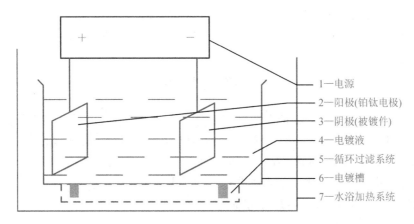

1—电源
2—阳极(铂钛电极)
3—阴极(被镀件)
4—电镀液
5—循环过滤系统
6—电镀槽
7—水浴加热系统

图 7.1　电镀金装置原理

选择合适的电流密度可以提高金镀层的细致程度，同时获得较高的电镀效率。一般都是通过赫尔槽实验来确定溶液的电流密度，经典公式如下：

$$J_k = I(C_1 - C_2 \lg L) \tag{7-3}$$

其中，I 为通过赫尔槽的电流（A）；L 为阴极某点至阴极近端的距离（cm）；C_1 和 C_2 为与电解液性质有关的常数。

通过测量阴极试片上光亮区范围，可计算出电流密度的范围。

如果采用脉冲电流方式来进行薄膜电路镀金，可以提高镀层均匀性，减少镀层孔隙率，章节 7.7 将详细讲述。

工件摆动方式看似简单，但是在薄膜电路产品镀金过程中非常重要。可使薄膜电路基板表面附近的镀液充分"流动"，因为镀金的过程会使镀液中金还原成金原子，附着在薄膜电路基片表面，如果基片静止不动，随着镀金过程的进行，基片表面附近的镀金液浓度就会下降，导致镀金均匀性、镀金效率、质量等都会随之下降。

7.6　电镀金后处理

电镀结束后，从镀液中取出的基片上还会留有少量镀液，应随挂件一起，在洁净的去离子水中冲洗，冲洗过程应避免摩擦或重叠，待表面溶液完全冲洗干净，才可取出，进行滤干。如果镀液没有及时去除干净，容易导致镀层表面出现不均匀的水纹、花纹缺陷，影响产品外观。也可采用煮沸的纯水，在其中浸泡 5 分钟～10 分钟，吹干，这样可优先清除镀层孔隙中残留的镀液和氢气，同时可使镀层的孔隙封闭，提高镀层的抗腐蚀能力。

　　然后应将电镀好的薄膜电路基片在 120℃～140℃恒温下烘烤半小时左右，使水汽等污染及时处理干净，保证电路产品的长期可靠性。

　　在图形电镀（先光刻出电路图形）时，孤立电路线条需用金丝等互连，在电镀、烘干后，应挑刮掉金丝。有薄膜电阻时，还应轻轻刮掉电阻表面电镀浮金，不能损伤到电阻膜。

7.7　脉 冲 镀 金

　　相比于传统的直流电镀，脉冲电镀能够提供更高的平均电流密度，不仅能够加快镀液的沉积速率，加快电镀的速度，提高镀层厚度，同时，也能够使得电镀过程中，晶体的成核速度大于晶体的长大速度，大大提高镀层的致密性，改善了镀层的表面质量。

　　相比于直流电镀技术，脉冲电镀技术具有以下几个优点：

　　（1）镀层光亮、表面细致均匀、耐磨损；

　　（2）免除或减少添加剂的使用；

　　（3）降低镀层内应力，增强镀层韧性；

　　（4）消除氢脆，提高镀层的物理性能；

　　（5）减小镀层孔隙率，提高镀层的抗腐蚀性能；

　　（6）降低杂质含量，提高镀层纯度；

　　（7）合金镀层成分稳定；

　　（8）降低浓差极化，提高阴极电流效率，增大镀速；

　　（9）提高镀液的分散力。

　　脉冲电镀可减少镀金层表面粗糙度，对不同占空比下镀金层进行粗糙度测试如图 7.2 所示。

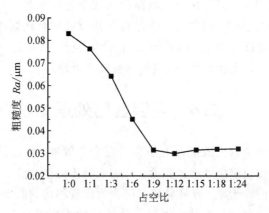

图 7.2　脉冲电镀占空比与镀层粗糙度的关系

可以看出，占空比在 1∶(9～18)的情况下，镀金层表面能够获得较低的粗糙度。

不同占空比下的脉冲电镀，还可以获得不同孔隙率的镀层结构，不同占空比下的孔隙率测试结果如图 7.3 所示。

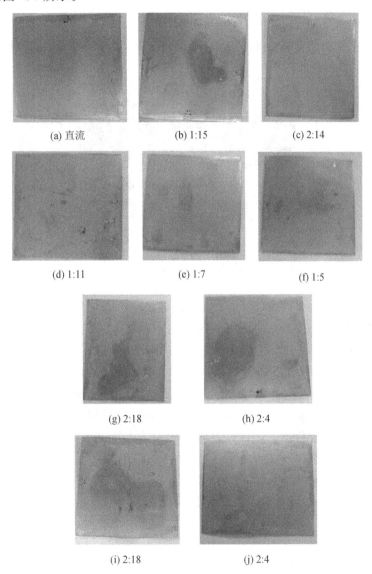

图 7.3　不同占空比下的镀层孔隙率实验

可以看出，不同的占空比下，获得的镀层孔隙率不同，大约在占空比 1∶9 附近镀金层的孔隙率较好。

7.8　镀层质量判断标准

1. 镀层外观

电镀金层外观应金黄细腻，色泽均匀，良好的电镀金层在 40 倍显微镜下不允许看到针孔、麻点等缺陷。图 7.4 是良好镀金层的扫描电镜视图。

图 7.4　镀层扫描电镜视图(JSM‑6360LV)

2. 镀层硬度

薄膜电路镀金层可以采用维氏硬度或者努氏硬度来测定，二者的主要区别在于压力探头的不同。维氏硬度(Hv 或 Hm)的测量一般采用正方锥体压头，也叫维氏压头；努氏硬度的测量一般采用菱面锥体压头，也称克努伯压头(Hk 或 KHN)。由于努氏硬度采用的压头可避免压痕的弹性回复，从而获得无弹性回复影响的显微硬度，被薄膜领域广泛应用，比如我们要求的金丝带键合压接用薄膜镀金层的努氏硬度不超过 90(GJB4057)。

维氏硬度和努氏硬度理论上应该有换算关系，但是不同材料的弹性和范性行为不同，难以获得一个统一的换算公式，比如对于 Ni 基合金 KHN/Hm≈1.125。也有资料显示大部分材料的维氏硬度和努氏硬度相差不超过 5%。我们在氧化铝基板上薄膜工艺制作的厚度为 1.3 μm 镀金层测其硬度对比如表 7.6 所示。

表 7.6　镀金层硬度测试(Hk 与 Hm)

被测件状态	Hk/(kgf/mm²)	Hm/(kgf/mm²)
镀金 1.3 μm	99.2	99.5

3. 镀层结合力

采用热震试验和弯曲试验来检测镀层的结合力。热震试验是将镀件放入烘箱中持续加热，烘箱的温度为 300 ℃左右，加热三十分钟后，将镀件取出，放入冷水中骤冷，然后观察镀件镀层是否起皮和脱落；弯曲试验是将镀件正反两次弯折九十度，然后观察镀层是否起皮和脱落。

镀层与基底材料之间的结合力是电镀质量优劣的重要评判标准之一，薄膜电路一般通过溅射方法得到籽金层，然后在电镀膜层达到键合、焊接、过电流等功能，影响镀层结合力的因素较多，主要有以下几种：

（1）镀液被污染。由于各种原因导致金属氧化物、金属杂质、不溶性悬浮物、有机杂质等有害杂质进入电镀液，这些杂质积累过多导致电镀镀液性和镀层质量受到影响。因此，需要定期清理杂质，处理电镀液。

（2）籽金层前处理不良。籽金层没有清理好，轻则影响电镀层的平整度、抗腐蚀和结合力，重则导致镀层沉积、疏松不连续、甚至镀层剥落，使产品质量不满足要求。因此，确保电镀前处理工艺良好也是一项重要的工作。

（3）工艺控制不到位。槽内的温度、电流的密度、药水的 pH 值、电镀时间等工艺控制都必须和产品相匹配。因此，工艺控制必须力求准确。

（4）产品特性影响。这种情况主要是在图形电镀时发生，比如一个薄膜产品图形由大面积金层和极少数的微细线条组成，在电镀过程中，很难确保镀层的均匀性，往往大面积镀层偏薄，而微细线条金层偏厚。

4. 镀层耐蚀性

采用硝酸试验来检测镀层的耐蚀性。将适量的浓硝酸倒入有盖的容器中，将镀件浸泡在浓硝酸中，盖好盖子。大约一个小时后，将镀件取出，洗净，放入烘箱中加热，烘箱温度为 250 ℃左右。加热半小时后，取出镀件，观察镀件镀层表面是否发生腐蚀。

5. 镀层纯度

镀金层纯度与硬度有一定的对应关系，一般来说，纯金（99.99％）的硬度较低，当镀层中参入钴镍等元素镀层纯度就会下降，同时硬度会上升。比如 GJB4057 中提及的纯度为99.0％的金镀层（用于印制板接插件），其努氏硬度为 130～200；而压接硬度金层纯度不应低于 99.9％，其努氏硬度不超过 90。对于镀金层纯度，一般采用等离子光谱的方法检测纯度，但一般要求镀金足够厚，才能保证检测准确度。

6. 镀层氢含量

薄膜电路镀金过程一般会产生氢气，产生的氢气可能会随着镀层的形成而束缚在镀层的间隙中。存在于镀层中的氢气，随着薄膜电路应用，会缓慢释放出来。当该薄膜电路用于裸芯片组装配时，释放的氢气可能会引起敏感芯片氢中毒问题。解决该问题可以从两方面入手，首先应保证致密的镀金层结构，可以较好地防止氢气进入，然后应在电镀完成后增加高温烘烤工序，可以有效地排除镀层中的氢气。在良好、致密的镀金薄膜电路上进行氢气含量试验，不同镀金层处理方式下的氢气含量测试结果如表 7.7 所示。

表 7.7　热处理对镀层氢含量的影响

镀金层处理方式	氢气含量测试结果
200 ℃，8 小时	$<100\times10^{-6}$
120 ℃，1 小时	$<100\times10^{-6}$
不处理	144×10^{-6}

可以看出，薄膜电路中金层较为致密时，其氢含量应该完全符合标准（小于 1000×10^{-6}），即使不做热处理，也仅有少量，而经过热处理后，氢气含量将更加少。在薄膜电路应用中，如果对镀层氢含量要求较高，可以增加热处理除氢，但应注意膜层的耐受温度，除氢的温度不宜过高，过高的温度容易引起薄膜电路膜层扩散，影响到焊接和键合效果。

第8章 薄膜电阻

8.1 薄膜电阻器的形成

薄膜电阻其实是一类特殊的薄膜电路图形，它是通过蒸发或者溅射形成膜层，然后光刻获得的薄膜电阻，在微波电路领域属于分布式器件。在选择薄膜电阻器时，有以下几个问题需要重点考虑：

(1) 工艺所能稳定获得的实际厚度范围，具有可控制的方阻；

(2) 低的温度系数(TCR)；

(3) 高的长期稳定性(电老练、热老练或两者的结合)。

薄膜电阻器可分为金属、合金、金属陶瓷和金属化合物，如表8.1所示。

表 8.1 常见薄膜电阻类型

类型	举例
金属	钽
	铬
	铂
合金	镍-铬
	钛-钨
金属陶瓷	氧化硅-铬
金属化合物	氮化钽

虽然有许多电阻材料可以选用，但目前市场上使用最多的还是钽、氮化钽电阻。少量厂商也提供镍铬电阻，但是镍铬中的镍对铬比值的变化很容易引起电阻的不稳定，往往需要对电阻进行包封处理，同时由于铬易于扩散到金中，会导致其他质量问题，因此使用较少。钽、氮化钽电阻在常规的薄膜生产工艺中很容易获得 $25\ \Omega/\square \sim 300\ \Omega/\square$ 的方块电阻

值，以及优良的 TCR($\pm125\times10^{-6}/℃$)。

金属陶瓷薄膜电阻常用于获得更大的方阻，往往可以达到每方几千欧姆，甚至更高。

8.2　薄膜电阻的计算方法

薄膜电阻的关键参数是：电阻值、温度、工作功率。电阻的设计是由 $R=\dfrac{\rho L}{Wt}$ 这个公式决定的，其中 R 为总电阻(Ω)；ρ 为材料的体电阻率($\Omega\cdot cm$)；L 为电阻长度(cm)；W 为电阻宽度(cm)；t 为电阻厚度(cm)。

为了简化设计过程，提出了薄膜方阻的概念。这个参数是在假定 $L=W$ 的条件下给出的，所以有方块电阻 $R_S=\dfrac{\rho}{t}$。长度 L 除以宽度 W 所得数值就是方数，这样薄膜电阻值 R_T 就可用 R_S 乘以方数来计算，即

$$R_T=R_S\times\left(\frac{L}{W}\right) \tag{8-1}$$

在任一给定的电路中，电阻金属化层是由单一溅射操作沉积形成的，因此不同电阻率的几种材料混合溅射是不允许的。一般说来，金属薄膜电阻的方阻在 $20\ \Omega/\square\sim200\ \Omega/\square$ 之间，典型值是 $50\ \Omega/\square$。

前面给出了薄膜电路中常用的阻值计算方法，常规的薄膜电路生产线可以采用该方法得知和控制所加工出的膜电阻阻值。但是，因为膜电阻是材料的基本性能，所以最好是不需要腐蚀出图形，就能够对其进行测量。一般用"四探针"技术就能做到这一点。

四探针技术是用四个点与薄膜良好接触，电流从一个点流入，从另一个接点流出，这样就可以测量另外两个接点的电压降。

膜电阻与电压 U 成正比，与电流 I 成反比，即

$$R_S=C\frac{U}{I} \tag{8-2}$$

式中 C 是比例常数，它取决于探针的形状、位置和方向，并取决于薄膜样品的形状和尺寸。通常四探针在一条直线上且间距相等。外边的两个探针是电流探针，与薄膜平面尺寸相比较，探针的间距是非常小的，如果假定薄膜的范围是无限大的，则常数 C 将等于 $\dfrac{\pi}{\ln2}$。

采用四探针技术时，可将电流调整到与常数 C 相当(例如 4.53 毫安)，这样电压的读数就等于薄膜方阻。但往往 C 数值并不是理想值，需要进行校准。随着科技的发展，市场上已经有众多"四探针"测试仪器，使得薄膜方阻的测试变得非常方便。

8.3　电阻温度系数

电阻温度系数是衡量薄膜电阻质量的一个重要指标，其表达式是$(1/R)/(dR/dT)$。电阻温度系数通常用于表示薄膜特性，因为环境温度的变化会引起电路性能不必要的变化。与块状金属相比，薄膜的电阻温度系数会很低，主要是因为薄膜电阻率高的原因。在许多情况下，薄膜电阻温度系数可通过改变成分（溅射成膜工艺）来控制，直到获得优良的温度系数为止。例如，在制造阻容电路时，为了把产品的温度系数减到最小，可用电阻温度系数来补偿电容温度系数。

对于厚度仅有几百埃的薄膜电阻来说，dR/dT 基本上不受温度影响，并且有

$$\text{TCR} \approx \frac{1}{R_{\text{rt}}} \cdot \frac{R_1 - R_{\text{rt}}}{T_1 - T_{\text{rt}}} \qquad (8-3)$$

式中 R_{rt} 是室温（T_{rt}）下的电阻，R_1 是其他温度（T_1）下的电阻。

以 TaN 电阻为例，采用磁控溅射法制成厚度约 1000 埃的 TaN 薄膜电阻，经过温度老化处理后，其电阻温度系数一般在 $-25 \times 10^{-6}/℃ \sim -125 \times 10^{-6}/℃$。对于该薄膜电阻而言，只要电阻温度不超过 120℃，其阻值随温度的变化是可逆的。

8.4　薄膜电阻其他指标

薄膜电阻长期稳定性是表征薄膜电阻质量的又一重要指标，经过一定的时间后，电阻值可能会与初始值有偏差。这种偏差通常用单位时间内电阻变化的百分比来表示。实际上，由于各种原因，这种漂移不一定随时间成正比关系。工业上使用的薄膜电阻一般可采取150℃保存 1000 小时后，计算其阻值的变化率来考核电阻的长期稳定性。对于薄膜生产中常用的 TaN 电阻来说，溅射过程和老化参数都会影响到其长期稳定性，一般说来，TaN 薄膜电阻的长期稳定性可以达到 0.05%。

功率密度是指加在电阻器上的功率与整个电阻面积的比值，该指标是薄膜电阻在功率电路中应用时必须考虑的一项内容。薄膜电阻的表面以及它附着的基板都是有效的散热途径，所以每个薄膜电阻都有自身的散热能力，如果在超过自身所能承受的功率密度下使用就会使表面温度不断增加，又不能够及时散去，导致薄膜电阻值发生急速变化，进而失效。评价薄膜电阻的功率承受能力，应综合考虑基板散热、电阻表面积和电阻的制成特点等因素。

以上介绍了薄膜电阻常用的指标参数，另外薄膜电阻还有多个其他参数，如电阻电压系数、噪声系数、高频特性、吸潮效应等，这些参数仅在特殊应用场合下才会考虑（如镍铬合金薄膜电阻容易吸潮而发生电解腐蚀，必须考虑防潮措施）。

8.5　氮化钽电阻制备

　　不管是镍铬薄膜电阻，还是氮化钽薄膜电阻，其制作工艺过程基本类似。首先采用磁控溅射或者蒸发的方法，在陶瓷基片上相继沉积电阻膜层、阻挡膜层、导体籽金层，形成多层薄膜结构，然后通过光刻的方法，将电路图形和电阻图形套刻出来。其中，成膜的过程应在真空环境中完成，如果真空中断或者各膜层之间有暴露于空气中的情况，将会很容易引起膜层氧化或者污染，进而影响到膜层间的结合力，对于电阻膜层，容易影响到电阻的稳定性。

　　氮化钽电阻膜层是通过反应溅射获得的，反应溅射时引入的氮气偏压，对形成的电阻薄膜的电阻率和 TCR 有较大影响，如图 8.1 所示。当氮气浓度增加时，氮化钽要经过几种结晶形式。氮气分压对氮化钽薄膜结构的影响非常大，例如：氮气分压从 3% 到 10% 递变时，依次会出现 $TaN_{0.8}$、TaN、$TaN_{0.1}$、Ta_3N_5、Ta_2N、Ta_5N_6 相；当氮气分压略低于 3% 时，薄膜中 $TaN_{0.1}(110)$ 和 $Ta_2N(110)$ 为主要结构形式，随着氮气分压的增加，这两种晶相逐渐消失，开始出现 $TaN(111)$、$TaN(200)$、$Ta_3N_5(023)$ 相，随着 Ta_3N_5 的出现，薄膜的长期稳定性将增强；当氮气分压继续增加到 5% 时，薄膜晶粒开始增大；当氮气分压达到 9% 以上时，薄膜表面平整度严重变差。

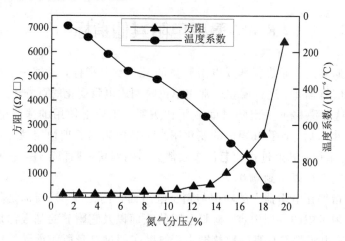

图 8.1　溅射过程氮气分压对薄膜的影响

　　从图 8.1 中可以看出，某膜层厚度下，氮气分压在 3%～5% 的时候，氮化钽薄膜具有较为稳定的方阻值（35 Ω/□～45 Ω/□），以及较低的温度系数（$-75×10^{-6}$/℃）。随着氮气分压的增多，薄膜方阻数值将逐渐增大，当氮气分压达到 13% 以上时，电阻将急剧增大。随着氮气分压的增多，电阻温度系数绝对值将变大，这是因为氮气分压的增加，致使薄膜中 Ta 空穴增加，薄膜的导电类型会从电子导电向空穴导电转变，而且会降低费米能级附近态密度，使电阻率增大，薄膜也会由导电状态向着绝缘状态转化。表 8.2 所示为氮化钽薄膜电阻特性。

表 8.2　氮化钽薄膜电阻特性

项　目	指标能力
方块电阻	20 Ω/□～300 Ω/□
方块电阻公差	标称值±10%
TCR	$(-75\pm50)\times10^{-6}/℃$
长期稳定性	小于 0.5%（典型值小于 0.1%）
噪声（DC～1 GHz）	小于 40 dB

氮化钽电阻是应用最为广泛的薄膜电阻，它电阻值稳定，抗化学腐蚀，抗热性能优良。通过在空气中进行表面热氧化（通常称为老化）以后，表面会形成一层五氧化二钽钝化层，更有利于加强薄膜电阻的稳定性。

8.6　调　　阻

一次制成的薄膜电阻精度可以控制在±10%范围内，若需得到更高精度时，就要用到调阻技术，调阻过程仅能实现电阻值的由低往高调节，且过程不可逆。常用的薄膜电阻调节方法有：热氧化调阻法、化学减薄调阻法、阳极氧化调阻法和激光修调调阻法。这几种调节方法的对比如表 8.3 所示。

表 8.3　几种调节方法的对比

调阻方法	调阻精度	调阻效率
热氧化调阻法	±10%	高
化学减薄调阻法	±3 Ω	低
阳极氧化调阻法	±0.5 Ω 或±1%	低
激光修调调阻法	优于±0.01 Ω	较高

1. 热氧化调阻

热氧化调阻适用于钽或者钽系的薄膜电阻，因为钽充分氧化后可以形成非常稳定的氧化物，调阻的同时还可以达到稳定阻值的作用。热氧化调阻是薄膜电阻最常见的一种调阻方式，正如表 8.3 所示，它的调阻精度不如其他调阻方法，但是其调阻效率非常高，适用于大批量且对阻值精度要求不高的情况。

2. 化学减薄调阻

化学减薄调阻方法目前应用较少，其原理是采用稀释的腐蚀液作为调阻液在薄膜电阻表面进行作用，同时实时测量阻值的变化，当阻值达到目标时，立即停止腐蚀，并冲洗掉调阻液。这种方法有较多弊端，如对于密集电阻产品调阻难度大，易于影响到相邻电阻。

对 NiCr 电阻可采用该方法进行调阻，调阻液在电阻表面作用，当监控阻值接近目标值时（一般低于目标值 3 Ω 左右时），应立即停止调阻，并及时擦去电阻表面的调阻液，用大量水冲洗干净。

3. 阳极氧化调阻

阳极氧化调阻又称电化学法调阻，是通过阳极催化作用催使氧化液快速氧化薄膜电阻，进而使得电阻值变大的过程。采用该方法调阻的系统主要由电源、欧姆表和阳极氧化液等组成，如图 8.2 所示。

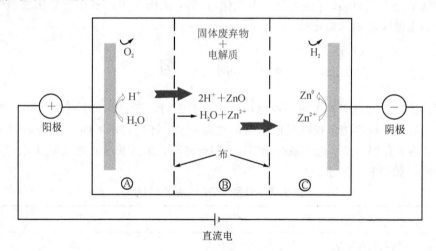

图 8.2　阳极氧化调阻示意图

在阳极氧化过程中，对阻值必须进行连续或者间歇的监控。一般阳极化的电流采用直流形式，此时往往需要用交流电来监控阻值。阳极氧化调阻时，其电压应选择较小增幅。以钽电阻为例，阳极氧化时电压增幅一般不能超过 40 V，以 20 V 左右最好。

调阻完成后也应立即擦除电阻表面的氧化液残留，并用大量清水冲洗。

4. 激光修调调阻

激光修调调阻法是近年来发展起来的一种新方法，它具有调节速度快、调节精度高等优点。

　　正如前文所述，薄膜电阻是通过溅射成膜，光刻图形制作出的，其精度受成膜厚度精度与光刻精度影响，直接加工出的薄膜电阻精度一般在 20% 左右，难以满足微波电路性能要求。为了达到高精度薄膜阻值，通常的做法是先制作电阻值约为预期电阻值 60%～90% 的薄膜电阻，再利用修调方法将阻值提高到所需阻值。

　　激光修调调阻是通过软件控制激光和工作台面移动，在薄膜电阻体表面气化，形成一定形状的痕迹，减少薄膜电阻有效面积，进而达到阻值调节的效果。调阻时，在薄膜电阻材料表面上看起来是形成一个连续的切口，而实质上该切口是由一系列脉冲激光烧蚀的圆孔部分叠加到一起而形成的。

　　微波电路对于薄膜电阻表面划痕情况有较高要求，一般不允许划痕过粗、过长、过多。常用的激光修调调阻有：直线调阻、L 线型调阻、多段线调阻、Z 型扫描调阻等四种调阻方式，对这四种调阻方式进行试验，薄膜电阻表面的激光划痕情况如图 8.3～图 8.6 所示。发现 L 线型调阻和 Z 型扫描调阻精度较高，但 Z 型扫描调阻工作效率非常低。

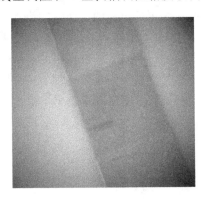

图 8.3　直线调阻

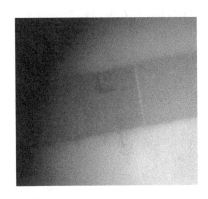

图 8.4　L 线型调阻

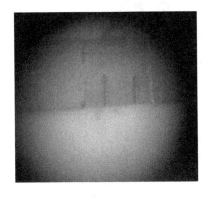

图 8.5　多段线调阻

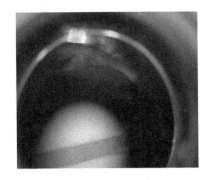

图 8.6　Z 型扫描调阻

从实际操作实践和理论上可知，影响激光调阻质量的关键参数有：激光功率、调 Q 频率、光斑大小、步进速度等。

激光功率是影响调阻质量的关键。薄膜电阻具有膜层较薄(一般为几百埃)、电阻尺寸较小等特点,所以要求激光调阻的光斑尽量小且功率稳定性要非常好。通过试验发现:激光功率越高,被调电阻的气化面积就越大,这样电阻的阻值变化率就越大,调阻精度就越低;激光功率过高,电阻的热效应区域越大,电阻浆料气化瞬间的阻值和电阻冷却后的阻值偏差加大,并且没有办法使其产生同等程度的偏差,所以调阻精度也会下降;功率过低会导致激光划不透膜层。进行激光调阻前必须确保激光调阻机的光斑焦点落在薄膜电阻平面内,这样才能使激光汇焦,提高调阻效率,同时也可避免激光划痕宽度过大或划不透电阻膜层的情况。通过在薄膜电阻表面一系列激光调阻试验,发现调阻结束后的薄膜电阻,在常温环境下放置几分钟后电阻值会增大一些,这是由于划痕热影响区膜层重组和表面氧化所引起的。对不同功率下激光调阻划痕情况进行分析,认为激光功率控制在 0.8 W～1.5 W 比较合适。

激光调 Q 频率对调阻精度的影响是通过激光峰值功率表现出来的,调 Q 频率加大会增加激光平均功率,同时也会降低峰值功率,进而影响调阻精度。表现在实际调阻效果上就是:调 Q 频率越大,激光划痕就越粗,激光调阻速率就越快。因此,一般在粗调阶段选用的调 Q 频率较高,在细调阶段选用的调 Q 频率较低,这样既可以保证调阻速度,又可以兼顾调阻精度。通过一系列不同调 Q 频率参数下的激光调阻试验,发现频率越低,激光调阻划痕就越细,同时调相应大小的阻值时所需的划痕长度也越长,如图 8.7 所示,编号 1 为 100 Hz频率下的激光划痕,编号 2 为 1000 Hz 频率下的激光划痕。

图 8.7　不同调 Q 频率下划痕情况

激光光斑大小也是影响薄膜电阻调阻质量的一个关键因素。产品中薄膜电阻一般尺寸较小(常规的是 0.5 mm×0.5 mm 左右),激光光斑过大会导致划痕宽度过大,要求不能超过电阻宽度的 1/10,否则会较大地影响到微波传输质量,同时也要求激光光斑不超过 30 μm,且聚焦点必须在薄膜电阻表面。

步进速度,即激光作用点在电阻表面的移动速度,与激光出光频率、光斑大小在一起,就可以表示为激光光斑重叠率。激光光斑重叠率的大小会影响到电阻表面受到激光影响功率的高低、激光划痕的光滑度、阻值的变化率。随着光斑重叠率的提高，激光划痕光滑度也会随之提高，阻值变化率会减少。步进速度在 LGT－05 型激光调阻设备中被表示为步距，即步距越小，步进速度就越小，相应的光斑重叠率就越高。笔者就步进速度做了一系列试验，认为光斑重叠率应设置得较高一些，以保证划痕的光滑度。

图 8.8 所示为不同步距激光划痕情况，相关步距设定参数如表 8.4 所示。可以看出，步距越小激光划痕光滑度越高，但调阻速度也就越慢，调相同阻值所需的划痕长度就越长，如果步进值设置超过光斑直径就会划出序号 3 所示的一排小点，且阻值变化很小。

图 8.8　不同步距激光划痕情况

表 8.4　不同步距激光划痕设定参数

激光划痕编号	调阻过程步距参数/mm	初始阻值/Ω～最终阻值/Ω	划痕长度/mm	所调阻值范围/Ω
1	0.001	110.10～129.21	0.380	19
2	0.005	91.13～110.11	0.310	19
3	0.05	90.57～91.13	—	—
4	0.0005	71.01～90.56	0.298	19

另外，影响激光调阻质量的还有工作台精度、系统本身的内阻等。对于薄膜电阻经常遇到阵列情况，要求一次定位后，工作台做阵列移动，进行多次调阻，如果工作台精度不高，就会导致阵列中个别电阻激光划痕出现偏差而报废。例如：调阻设备工作台精度只有 $5~\mu m\sim 10~\mu m$ 时，笔者在 $0.5~mm\times 0.5~mm$ 的电阻阵列片上进行试验，当跳步 3 行 3 列时，已经可以看到明显的偏差。虽然数字测量仪本身的精度已经非常高了，但它接入激光调阻设备系统后不作补偿，系统本身的内阻也就被当成薄膜电阻阻值进行测量，导致调阻精度下降。

薄膜电阻激光修调对微波性能也有影响。薄膜电阻主要在微波集成电路中应用，激光修调虽然可以大幅度提高薄膜电阻的精度，但是这种调阻方法在微波传输通道上形成了一个划痕，有可能对微波性能产生一定的影响。为此通过软件建模，对常用的 L 线型激光调阻进行了仿真，仿真频段从 $1~GHz\sim 16~GHz$，结果如图 8.9 所示。

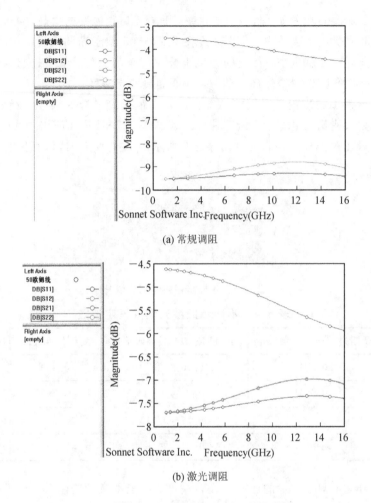

(a) 常规调阻

(b) 激光调阻

图 8.9　常规调阻与激光调阻微波性能仿真对比

　　从仿真结果看，L 型划痕在 Ku 以上频段会产生一定的微波损耗，在较低频段对微波性能影响较小。

第 9 章 外 形 加 工

薄膜电路的生产模式，一般采用标准尺寸的基板进行各工序的生产，并根据产品设计的外形尺寸进行最终成品的切割成形，因此外形加工也是薄膜电路制作中必不可少的一个步骤。

9.1 概　　述

外形加工决定着薄膜电路成品的外形尺寸精度，在一定程度上影响电路的外观质量，因此十分重要。根据材料的性能和使用要求的不同，氧化铝陶瓷常用的加工方法有金刚石砂轮磨削、激光切割、超声波加工以及电火花加工等，其中前两种加工方法的使用最为广泛。

9.2 金刚石砂轮划片技术

9.2.1 金刚石砂轮划片工艺简介

砂轮划片是采用涂覆有金刚石粉末的超薄刀片作为划切加工刃具，主轴带动刀片高速旋转，同时承载着陶瓷片的工作台以一定速度沿刀片与陶瓷片接触点的划切线方向呈直线运动。通过刀的外缘（外径）强力磨削，对各种硬脆材料进行高精度开槽和分割。划片机主轴及刀片工作图和工艺原理示意图如图 9.1 和图 9.2 所示。

图 9.1　划片机主轴及刀片工作图

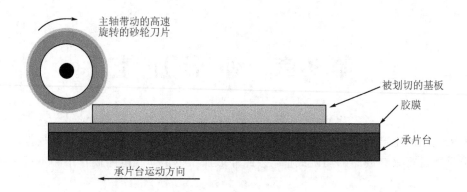

图 9.2　划片原理示意图

砂轮划片机以其较高的切割精度、丰富的刀具类型和宽泛的工艺兼容性，被广泛地应用到了陶瓷材料的外形加工中。用这种方法去除陶瓷材料的主要机理是脆性断裂，而脆性断裂的去除方式是通过空隙和裂纹的形成、扩展、剥落及碎裂等方式来完成的，如图 9.3 所示。陶瓷是由共价键、离子键或两者混合的化学键结合的物质，在常温下对剪应力的变形阻力很大且硬度高。由于陶瓷晶体离子间由化学键结合而成，化学键具有方向性，原子堆积密度低、原子间距离大，又使陶瓷有很大的脆性。氧化铝陶瓷材料的高硬度及脆性使其可加工性很差，即使有很小的应力集中现象也很容易被破坏，是一种难加工的非金属材料。这种特性使得陶瓷片在砂轮磨削过程中很容易出现材料破裂及背崩等质量问题，从而增加了产品的报废率。

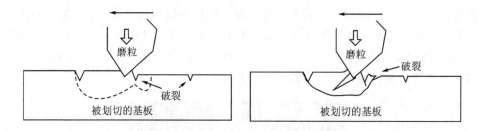

图 9.3　脆性破坏型磨削去除机理

除了设备本身的精度和功能外，影响划切质量和效率的因素还包括刀具的选择和划切工艺。参数加工的表面质量受金刚石砂轮磨料粒度的影响很大，粒度较粗，加工效率可以提高，但若颗粒增大后，磨削表面会变得非常粗糙，产生的裂纹也越大；若粒度较细，可以降低磨削后的表面粗糙度，但若颗粒太细，砂轮磨粒之间的容屑空间容易堵塞，致使磨削力增加，会加快砂轮的磨损。金刚石磨削加工陶瓷的缺点就在于：砂轮磨损快，磨削效率低。而影响切道宽度与边缘崩边大小的主要因素是主轴速度、划切速度、划切深度、刀片冷却流量和冷却方式。空气静压主轴速度高，划切速度慢，划切道宽度大，崩边小；划切速度快，则划切道宽度小，崩边大。

9.2.2　影响划切质量因素的分析

砂轮划片的划切质量效果，主要取决于设备的性能状态、适合的刃具、划切工艺参数等方面。下面将对几个主要影响因素进行简要分析。

1．主轴参数

主轴是砂轮划片机的核心关键部件，在设备构成中占重要位置。在轴上安装砂轮刀片并带动刀片高速、高精度旋转，采用空气静压支承，无摩擦、无磨损、不发热，对使用环境和划切的材料没有任何污染。同时，气体轴承具有回转精度高和耐低温、高温及辐射等优良特性。因此，空气静压主轴转速高(一般设定范围在 3000 r/min～60000 r/min)、精度高、振动小、运转性能可靠，可以获得平稳高速的线速度，并可长期保持高精度状态。高的主轴转速可以使超薄的刀片具有高的刚性实现划切。空气静压主轴结构如图 9.4 所示。

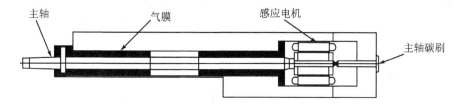

图 9.4　空气静压主轴结构简图

主轴转速由设备软件控制，可根据待加工的材料类型和使用的刀片性能决定。主轴运行的稳定性在整个切割过程中显得至关重要。一般来说，相对较高的转速能有效地控制刀片在随主轴转动时的相对振动，有利于刀片在切割时的径向稳定性，从而有利于提高切割质量。但实际情况很复杂，若主轴转速设置偏小，切割时轴体的稳定性反而会受到牵制；主轴转速设置过大，会使整个轴体发生明显共振，使主轴扭力变大，并因此引起刀片在切割时振动幅度明显加大，使刀体在切割材料时产生受力不均并最终损坏刀片。稳定可靠的主轴转速还与刀片的性能有关。通过试验得知，不同材料或不同类型的刀片对主轴转速的要求不尽相同，而类型相同但粒度不同的刀片，也有不同的主轴最佳转速。

划片机上的空气静压电主轴，根据划切的材料不同也可以配置相应不同功率的交流或直流电主轴。交流转速为 3000 r/min～40 000 r/min，直流转速为 3000 r/min～60 000 r/min。一般有两种系列主轴，一种装 φ50 mm～φ76.2 mm 刀片，另一种装 φ100 mm～φ127.0 mm 刀片。主轴的精度、转速、功率、刚性等指标十分重要。其中，主轴转速的选择与多个因素有关。具体的转速选择由用户根据划切的材料和所使用的刀片材质来确定，选择的好坏直接影响主轴的负载、划切质量和刀片的寿命。下面给出了一些典型材质和规格尺寸刀片的建议主轴转速：

(1) 对 ϕ50 mm 的镍基刀，主轴速度建议为 3 r/min～35 000 r/min，最大为 40 000 r/min；

(2) 对 ϕ50 mm～ϕ76.2 mm 的树脂刀，主轴速度最大为 30 000 r/min；

(3) 对 ϕ100 mm 的镍基刀，主轴速度最大为 30 000 r/min；

(4) 对 ϕ100 mm 的树脂刀，最大速度的选择与刀的厚度有关：

- 刀片厚度小于等于 0.375 mm，主轴最大转速为 16 000 r/min；
- 刀片厚度为 0.375 mm～0.525 mm，主轴最大转速为 14 000 r/min；
- 刀片厚度为 0.525 mm～0.785 mm，主轴最大转速为 12 000 r/min；
- 刀片厚度为 0.785 mm，主轴最大转速为 1000 r/min。

用树脂刀划切时，不应超过主轴的最大转速，否则刀会自动解体。对于同一种材料，划切厚的主轴转速比划切薄的高，同时划切厚硬材料时还要考虑选用大功率的主轴。

在生产实践中，划切日本京瓷的 A493 陶瓷片，可选用外径 ϕ54 mm、厚度为 0.2 mm 的树脂刀，划片机主轴转速最大选择 30 000 r/min，可以划切出理想的边缘效果。

2. 划切速度

刀片的划切速度决定了划切的工作效率。但随着划切速度增加，不仅切割质量也变得难以控制，而且划切速度也会影响到刀片的使用寿命。在主轴最佳转速下，每种刀片在一定条件下(如切割同种材料相同深度时)，都有一个相对优化的划切速度。

划切速度主要取决于划切材料的硬脆性以及划切深度，同时划切速度还应与主轴的线速度相匹配。一般新刀在开始划切时，速度应设置较低，逐渐由慢向快增加；对新的材料一般也是首先慢速试划，根据划切情况再考虑适合的速度。一般划软的材料比划硬的材料速度快，划脆的材料速度较慢，划浅的材料比划深的材料速度快。总之，划切速度直接影响划切槽宽和崩边情况以及划切效率。当划切到具有半釉性的固定材料时，可能增加刀的负载，所以划切速度应适中。另外，划切硬材料时，太小的划切速度或太浅的划切深度，也会影响刀片自身的锋利度。

3. 划切深度

划切深度决定了刀露出的刃口长度，划切深度为刀露出刃口长度的 1/3～1/2 时划切效果最佳。划切深度直接影响着刀的负载大小，有时划硬厚材料可以进行二次深度划切，这样划切的质量好、崩边小。

当基片用膜固定划透时，要把膜划 0.025 mm～0.030 mm 深，增加膜的厚度以及划膜的深度，可以减小划切材料背面的崩边。

当材料不划透且要保留一个精确的厚度时，对划切深度的精度要求很高，在设备具有刀片磨损自动补偿的基础上，该精度取决于划切方向运动的平行度、吸盘的平整度、主轴下降的重复定位精度以及刀片的质量。

4. 刀具磨损补偿

刀具的磨损补偿对于高精度划切十分重要。砂轮刀在进行切割前必须测高，即通过刀体与承片台之间的瞬间接触，来确定刀体外沿的初始位置与承片台之间的 Z 向位置关系，由系统测出刀体相对于承片台面的 Z 向极限位移并自动记录，以此位移值作为深度控制和刀体补偿的基准值，具体见图 9.5。不同刀片切割相同材料或同一刀片切割不同材料时的磨损量各不相同，必须及时通过测高的方法来计算磨损量(ΔD_n)，从而避免因刀片磨损过度使切割的深度逐渐变浅，从而影响切割品质。若刀片切割 n 刀前后两次测高值分别为 Z_1、Z_2，则每切割 n 刀的磨损量补偿量为

$$\Delta D_n = Z_1 - Z_2 \tag{9-1}$$

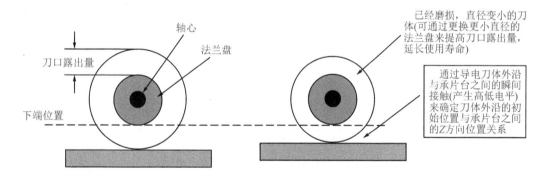

图 9.5　系统测试刀体相对于承片台面的 Z 向极限位移的原理图

n 值的大小一般由所用刀片的耐磨性、待切材料的硬度或切割的深度等决定。刀片磨损越严重，所取的 n 值越小，以保证整个切割过程中深度的一致性。操作人每次测高后计算出补偿磨损量，并把该参数及时编入设备自动补偿程序中。由于每次补偿量和实际磨损量之间有一定的误差，为了防止设备在自动补偿模式下因累积误差造成补偿量过多以致刀片刃口碰到承片台的现象发生，设置时补偿磨损量 D_n 一般小于 $Z_1 - Z_2$。

一般情况下，为了满足切割要求，刀体刃口露出量应控制在 2 mm 左右，例如使用直径为 53 mm 的刀片时，应选用直径为 49 mm 的法兰盘。轴体下端到承片台之间的有限空间距离，即主轴下降的极限距离，决定了所使用的法兰盘的最小直径。如果某台设备法兰盘的最小直径不能小于 48 mm，要切穿 0.5 mm 厚的材料，当刀片直径磨损到 49 mm 时就不能

再使用了，否则会产生轴体下端碰到承片台的严重后果。

在生产实践中，划切日本京瓷的 A493 陶瓷片，选用外径 φ54 mm、厚度为 0.2 mm 的树脂刀，划片机主轴转速设定为 30 000 r/min，划切速度设为 3 mm/s，划切深度设为 0.3 mm，可以划切出理想的边缘效果。

5. 刀具选择

砂轮划片机用刀的外缘（外径）来实现划切，按照与法兰的关系分为：硬刀（Hub Blade）、软刀（Hubless Blade），硬刀是刀片与法兰做成一体，装刀时不用刀架再夹刀，软刀则需要用刀架夹刀。刀具的安装如图 9.6 所示。常见的刀具按照结合形式分为镍基结合剂刀片、树脂结合剂刀片、金属烧结（结合剂）刀片。

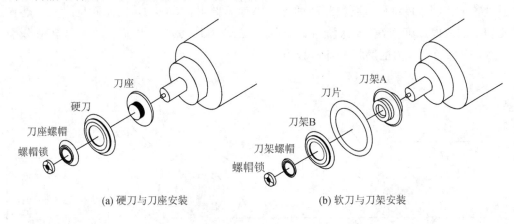

图 9.6　刀具的安装示意图

（1）镍基结合剂刀片：用电镀金属法固定金刚石磨粒，确保均匀的金刚石磨粒分布在镍层中。镍基结合剂可以提供较长的刀片寿命和较低的磨损率。该刀片适合于软质材料的划切。

（2）树脂结合剂刀片：用酚醛树脂作为结合剂，刀片的边缘按照被控制的速率磨损，以暴露出新的金刚石磨粒使刀片锐利，具有良好的弹性，提高了产品的切削能力，切口精度高，刀片寿命长，适合划切硬脆材料。

（3）金属烧结（结合剂）刀片：用金属粉末作为结合剂，采用独特的闭模烧结工艺。金刚石颗粒大小、金刚石密度和金属结合剂达到了最优化，具有比树脂刀片低、比镍基刀片高的磨损率，刚性高，适合于难加工材料的精密划切。

划片机一般选用刀片外径为 φ50 mm～φ100 mm 的镍基刀和树脂刀。其优缺点详见表 9.1。

表 9.1　刀片类型和优缺点

类型	原　理	优　点	缺　点	主要用途
树脂刀	采用酚醛树脂作为刀架，金刚石砂颗粒作为切割介质，经成型工艺制造而成	（1）几乎可以切割所有材料； （2）具有独特的自磨功能，不需要修刀。金刚砂颗粒也可覆盖一层镍合金，提高刀片主体强度，还可在切割过程中起导热作用； （3）成本较低； （4）很容易实现不同厚度刀具的制作	（1）磨损快； （2）刀片边缘几何形状容易改变； （3）主轴转速相对较低； （4）0.1 mm 以下厚度的刀具制作难度大	划切硬脆材料
镍基刀	采用镀制金刚砂通过镍基结合剂而形成	（1）寿命长； （2）刀边缘几何形状容易保持； （3）高精度高质量切割； （4）能够制造出 0.015 mm 的薄刀	（1）需要修刀； （2）最厚刀具不能超过 0.5 mm； （3）成本高； （4）不能划切硬脆材料	划切软材料

刃口露出量是根据刀片的厚度和划切的深度确定的，刀片厚度则是根据划切槽的要求确定的，划切深度是露出量的 1/3～1/2 为最佳，同时金刚砂粒度和刀片厚度要相匹配。刀片的厚度在 0.020 mm～0.050 mm，其刃口露出量不能超过刀片厚度的 20 倍；刀片的厚度在 0.05 mm～0.3 mm，其刃口露出量不能超过刀片厚度的 10 倍～15 倍。刃口露出最小，可以获得最大刚度，刃口露出太多，则刀的刚性变差，影响划切效果。

6. 金刚砂颗粒与密度

目前，制作刀片的磨料类型有：人造金刚石（SB）、镀膜人造金刚石（SDC）、氮化硼（CBN）、镀膜氮化硼（镀膜 CBN），磨料粒度的大小，有的用目数表示，有的用实际粒度尺寸表示。金刚砂颗粒的大小直接影响划切质量、划切速度、主轴转速以及刀片寿命。较大颗粒度会减小刀片负荷和延长刀片寿命，并且能够提高进刀速度；较小颗粒度会减少正面飞边和降低进刀速度。高质量的切槽用小的金刚砂颗粒刀片，对硬质材料则用金刚砂颗粒较大的刀片。

金刚砂的密度是通过每立方体积金刚砂重量来计算的，对镍基镀制的刀密度是由覆镀过程控制的，对树脂和金属烧结的刀密度是通过添加到混合剂中金刚砂粉末的量来控制的。高密度金刚砂的刀片较硬、耐磨，刀片寿命长，进刀速度快；低密度金刚砂的刀片较软，进刀时阻力大，磨损快，进刀速度慢。常用材料划切刀片的选择如表9.2所示。

表 9.2　划切刀片的选择

材　　料	刀片类型	金刚砂颗粒/μm	应用领域
硅	镍基软刀	3～6	二极管
	镍基硬刀	3～6	IC
玻璃＋硅	树脂刀	20～30	通信元件
玻璃	树脂刀	30～45	喷墨打印头
石英	树脂刀	30～40	SAW元件
铌酸锂、钽酸锂	树脂刀	15～30	SAW元件
铁氧体	树脂刀	6～9	磁头
压电陶瓷	镍基软刀	3～6	传感器件
磷化铟、砷化镓	镍基硬刀	3～6	光电器件、LED
氧化铝	树脂刀	30～88	混合电路基板
蓝宝石	树脂刀	45～63	混合电路基板

根据划切需求，砂轮刀片也可以做成带锯齿或不带锯齿的。带锯齿的刀片可以有效提高划切时的排屑能力，减少负载，对划黏性强或厚的材料十分有利，同时刀片冷却效果也好；不带锯齿的刀片建议划切薄的材料。

7. 刀片厚度的选择

砂轮刀切口的宽度与刀片的厚度成正比，半切穿时刀缝的宽度越小，掰片后基片端面的质量越好。矛盾的是，切割陶瓷用的刀片必须具有一定的厚度才能达到寿命长、耐磨损的要求。但在使用一定厚度的刀片半切穿后，切割的余度决定了基片切割的端面有明显的L形台阶。图9.7所示的是以基片厚度的3/5进行切割后掰片而形成的基片切口拼合后的剖面图。由于砂轮刀片的机械切缝上下宽度一致，所以裂片后上下产生了明显的台阶。目前国内使用划片机切割超硬材料的厂家，全部采用基片背面贴蓝膜全切穿的方法，使用该方法切割的基片端面平整度高、无台阶和坡度。全切穿1 mm的陶瓷基片时刃口的露出量始终要大于1 mm。当刀片刃口露出量磨损到小于1 mm时，只有采取更换小直径的法兰盘或换新刀以保证刃口的露出量。全切穿的缺点是缩短了刀片的使用寿命，降低了切割速度。

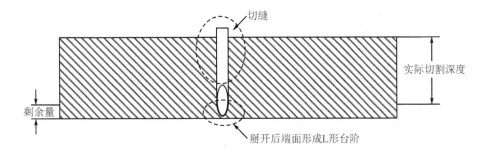

图 9.7 基片下端留下的明显台阶

在切割硅晶圆过程中对切口的宽度要求也很高，在切割带图形材料时常常要求在迹道中心几微米范围内进行切割。这就必须使用具有高分度主轴精度、高清晰光学放大系统和先进对准运算的设备（如 THK 丝杠）。试验表明：当带图形材料的迹道宽度为 $50~\mu m \sim 76~\mu m$ 时，选择的刀片厚度为 $20~\mu m \sim 30~\mu m$。从工艺要求角度来说，无论是切割硅晶圆还是陶瓷基片或 LTCC 基板，都需要尽可能选择最薄的刀片。但是，较薄的刀片很容易过早破裂和磨损，刀片寿命及性能也都比厚刀片差。

8. 刀具冷却

砂轮刀片在划切时，由于高速磨削产生热量，影响划切材料的性能和刀片的使用寿命，所以必须考虑刀片冷却，冷却方式和冷却液流量直接影响划切质量和刀片寿命。

冷却方式通常有两种：即前后双嘴三点冷却和侧面单嘴冷却。双嘴冷却能够更有效地带走刀片和划切材料接触区的摩擦热，冷却效果更好。

从散热原理考虑，冷却必须作用在刀与材料的接触表面，冷却嘴应装在接近刀的位置，保证供给压力的同时提供完全没有空气带入的冷却流量，这样冷却流在冷却刀片的同时也冲走了切割区产生的粉末。在使用时要注意喷嘴的高低，要根据刀片的大小和划切材料的厚度进行调节，防止喷嘴碰到划切材料表面。

一般用流量计调节控制冷却流量大小，正常在 $0.2~L/min \sim 4~L/min$，要根据选用的刀片以及划切材料的种类和厚度来调节，流量大会冲走在划切中粘接不牢固的芯片，对特别薄的刀片，流量大有时也会影响刀的刚性，而流量小又会影响刀片寿命和划切质量。用户根据划切材料的质量要求，可以选择用去离子水或自来水以及其他冷却介质。图 9.8 为常用的刀片冷却机构示意图。

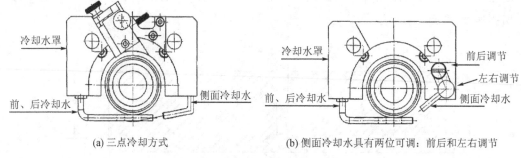

图 9.8　刀片冷却机构示意图

9. 待划工件的固定

待划透的工件要用载体固定后吸附到吸盘上，所以划切材料表面一定要平整，否则会给吸附固定带来困难。划片机的吸盘一般都采用真空吸附固定在旋转承片台上，吸盘一般有不锈钢环形槽类和微孔陶瓷类两种，选用哪种类型可根据待划工件大小来决定，吸盘的精度直接影响待划工件的牢固性和划切深度。

固定待划工件的载体可以是蓝膜、UV 膜、腊、胶、石墨等。膜粘在框架或圆环绷架上后，再把待划工件粘到膜上。固定膜的关键特征参数是其厚度与粘附力，固定膜的粘附力必须足够大，保证划切过程中能将已分离的每一个芯片牢牢地固定在膜上，当划切完成后，又能够很容易地从膜上取下芯片。最常用的固定膜是蓝膜和 UV 膜。

UV 膜通常叫紫外光敏膜或者紫外线照射胶带，价格相对较高，固定粘附力强并且稳定性好。UV 膜具有一个突出特点，就是粘附强度的可变性，在照射紫外线之前其粘附力很强，在照射紫外线之后其粘附力可以减少 90％，便于完成划切加工后电路片的取用。

蓝膜通常叫电子级胶带，它是一种蓝色的固定膜，其粘附强度不随紫外线(UV)照射发生变化，成本大约只有 UV 膜的 1/3。蓝膜的稳定性较差，容易受温度变化的影响，其粘附强度会随着温度的变化而发生变化，而且容易发生胶粒残留的问题。如果固定、切割基片以及从固定膜上取下芯片这三个工序能够在 72 小时内完成，使用蓝膜作为粘贴固定方式，将是一种经济的选择。如果芯片在蓝膜上的逗留时间超过72小时，就会使芯片背面因残留粘附剂而受到污染。表9.3是UV膜和蓝膜的特性对照表。

表9.3 UV膜和蓝膜特性对照表

序号	项　目	UV　膜	蓝　膜
1	价格	较高	较低
2	对紫外线敏感度	敏感	不敏感
3	粘贴强度	强度较高，经紫外线照射具有可变性	强度较低，不具有可变性
4	稳定性	在紫外线照射前后，粘附力都很稳定，不易发生残胶	受温度影响较大，容易发生残胶
5	有效期	未使用时，有效期较短	有效期较长

在砂轮划片工艺过程中，为延长刀具的使用寿命和保证划切质量，需要使用冷却液高速冲刷砂轮刀片的划切部位。如果电路片尺寸较小或者固定粘贴不牢固，冲刷过程中很容易造成电路片移位、外形尺寸精度差，甚至电路片被冲刷走的现象。根据固定膜的特性，在实际生产中，对于外形尺寸小于15 mm×15 mm的芯片或者电路片，建议主要选择UV膜作为固定粘贴方式。而蓝膜一般在分割划切区域或者划切外形大于15 mm×15 mm的芯片或者电路片时使用。

蓝膜和部分UV膜都具有延展性。固定膜是否具有延展性也会对较小尺寸的芯片或者电路片的外形切割质量产生影响，因为固定膜具有延展性，所以在砂轮划片的过程中，刀片与切割基材之间的挤压造成被分割开来的工件或电路片随延展性固定膜，向远离刀片的两侧产生轻微位移，如图9.9所示。

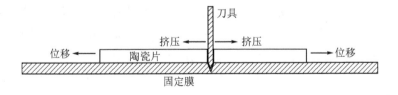

图9.9 砂轮刀具与陶瓷基片划切挤压示意图

这种划切过程中所产生芯片或者电路片的位移，仅在微米级范围。但在小尺寸芯片或者电路的生产中，这种位移的影响不可忽视。因为，为提高划切效率，往往是几十片甚至数百片电路片紧密地排布在同一块基材上，利用阵列步进的方式进行砂轮划片。每一块基材上要划切十几甚至更多行或者列。因此，即便是微米级的位移，在不断地累积下，对产品的外形尺寸公差的影响也是不可忽视的。针对尺寸较小、单块图形排布较密的产品，使用非延展性的固定膜，如 ELP NBD - 7163K 紫外光敏膜作为固定粘贴方式，可以有效避免砂轮划片过程中刀具与基材相互挤压而造成的位移偏差，提高小尺寸芯片或者电路片的外形切割精度。

　　具有延展性的固定膜在完成砂轮划片加工之后，通过扩膜机的扩张拉力可以将固定膜向四周均匀拉伸，扩大分割好的电路片间隙，方便产品的后续处理、包装或者自动化分拣。而非延展性的固定膜在完成砂轮划片后无法进行扩膜操作，但是可以通过倒膜的方式将分割好的芯片或者电路片整体翻转至具有良好延展性的蓝膜上，然后再进行扩膜。

　　划片机吸盘、金属绷架以及蓝膜粘附基片如图 9.10 所示。

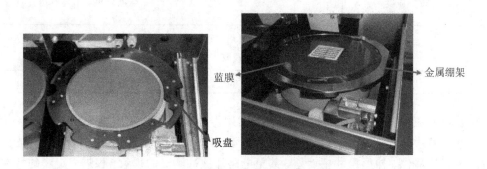

图 9.10　划片机的吸盘、金属绷架及蓝膜粘附基片

　　用热粘接蜡（又叫热熔胶）来固定待划切材料，是在砂轮划片工艺中用来固定小尺寸电路片的另一种方法。该方法是在 120 ℃ 以上的温度将蜡熔融，将熔融状态下的蜡涂抹在承载基片上，然后将待划切的基材覆盖其上，等温度降低到蜡的熔点下，基材就被热粘接蜡整个包围住并固定在承载基片上，随后再将承载基片粘附在蓝膜或者 UV 膜上进行砂轮划片工艺操作，如图 9.11 所示。完成砂轮划片工艺操作之后，再使用有机溶剂，将蜡溶解洗去。使用这种固定方式，承载基片一般可以选择玻璃或者石墨。在实际生产中，为降低成本也可以选择报废的陶瓷基片或者较为便宜的其他陶瓷基片作为承载基片。热粘接蜡的粘附强度优于 UV 膜，且稳定性好、有效期长，同时也能有效地抑制划切过程中刀具和基材相互挤压而产生的芯片或者电路片位移。十分适用于加工超小尺寸产品。但它的缺点是划切完成后，需要使用有机溶剂浸泡、清洗以及分拣包装，这一过程基本需要依赖手工操作，对生产效率会产生一定影响。

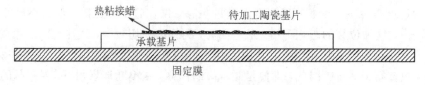

图 9.11　热粘接蜡固定陶瓷基片示意图

厚的材料可固定在玻璃或石墨载体上进行划切，因为玻璃拥有自修磨特性，有助于减少划切阻力。在实际划切研究中发现，将玻璃载体最小切深 0.127 mm 是最实用的，可以保证划切材料切口平齐，当切厚的材料达到 1.27 mm～2.54 mm 时，将玻璃载体切 0.254 mm～0.381 mm 或更深，可以减少金刚石与硬材料划切时刀的边缘接触数量，这种方法对划切蓝宝石或高密度陶瓷等材料是十分有效的，只是在选用载体时要比划切的材料软一些。

划切的基片一般属于薄脆性材料，最终固定基片到承片台的吸盘上是靠真空吸附的。真空的吸力大小直接影响划切质量，一般基片要覆盖住真空面的 80% 以上，否则会造成真空泄漏，吸片不牢固。划片设备上具有真空传感检测功能，真空度必须大于 59.9 kPa，若低于设定真空值，则报警提示，主轴自动抬起，有效地保护基片和刀片。对划切后小于 0.3 mm×0.3 mm 的微小芯片，用微孔陶瓷吸盘效果更好。

10. 薄膜电路图形优化

大部分电路产品为实现高的组装可靠性和良好的接地效果，在制作时基材的背面需要全覆盖金属层。但是金属层所具有的高金属韧性和延展性，与陶瓷基体硬脆性相比较，使得金属膜层与陶瓷基材存在物理性质差异较大的界面。金属膜层通常是通过磁控溅射过程在陶瓷基片表面形成紧密附着，而在大多数的电路产品的加工过程中，还会使用电镀工艺将外层的金属层加厚。因此在砂轮划片过程中，随着陶瓷材料的切断，背面的金属膜层受到高速旋转的砂轮刀具的挤压，逐渐撕扯变形，被完全切断后，背面的金属层就会向外翻卷产生卷边及金属毛刺等问题，如图 9.12、图 9.13 所示。

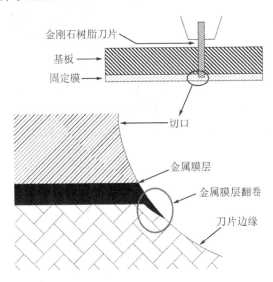

图 9.12　金属层卷边产生示意图

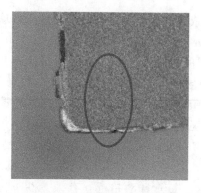

图 9.13　电路背面金属膜层产生的卷边及毛刺

　　这种翘卷外翻的金属层与基板背面的金属膜层连接松散、不紧密，在贴装后容易脱落，产生多余物，造成质量隐患。通常需要在组装前进行去除处理，而目前行业内的普遍做法是采用手工刮边的方式进行处理，如图 9.14 所示。该方法效率低下，且容易在操作中造成电路划伤等质量问题。

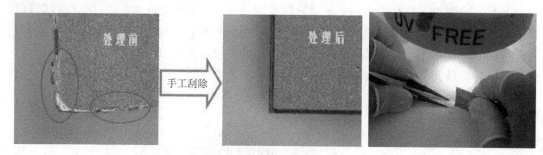

图 9.14　砂轮划片后背面金属膜层卷边及手工刮边

　　砂轮划片过程中切割刀具与金属膜层的直接接触，是导致金属毛刺卷边形成的根本原因。因此，如果通过掩膜光刻的方式，在刀具切缝区域的基板背面制作一条没有金属层覆盖的切割沟槽，则背面金属膜层毛刺卷边情况就能够获得明显改善，如图 9.15 所示。

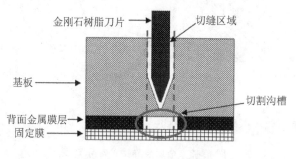

图 9.15　切割沟槽示意图

切割沟槽的制作主要取决于对基板背面图形结构的优化，将微波集成电路背面的图形单边内缩一定尺寸，经过排列后即可在基板背面形成错落有致的网格结构，经过掩膜光刻之后，完成砂轮划片切割沟槽的制作。图 9.16 为基板背面图形优化示意图。

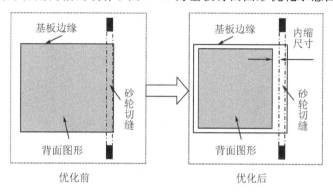

图 9.16　基板背面图形优化示意图

这种做法的优点在于，在基板背面砂轮划片的切割路径上制作出没有金属膜层覆盖的切割沟槽，使得砂轮划片过程中，砂轮刀具仅与基材接触，完全不碰触背面的金属层，可以有效地避免在砂轮划切过程中背面金属层卷边及毛刺的产生，完全省掉手工修边的过程，从而提高产品质量和生产效率。

需要注意的是，使用背面结构优化和切割沟槽的工艺方法，会在分割开的电路片背面四周留下没有金属层覆盖的"白边"，如图 9.17、图 9.18 所示。白边的允许宽度需要根据实际组装工艺需求进行精确设定，通过工艺措施严格控制在一定范围内，并且要求四边宽度均匀，不能相差过大。

图 9.17　基板背面切割沟槽图

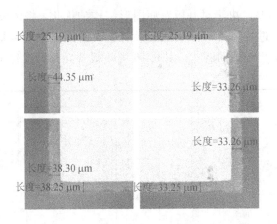

图 9.18　电路背面留边图(100 倍放大)

9.3　激光加工工艺

9.3.1　激光加工简介

1917 年,爱因斯坦在量子理论的基础上提出:在物质与辐射场的相互作用中,构成物质的原子或分子可以在光子的激励下产生光子的受激发射或吸收。这表明如果组成物质的原子(或分子)数目按能级的热平衡(玻尔兹曼)分布出现反转,就有可能利用受激发射实现光放大(Light Amplification by Stimulated Emission of Radiation,LASER),这就是激光的名称。后来理论物理学家发现了受激发光子(波)和激励光子(波)具有相同的频率、方向、相位和偏振,这些都为激光的出现奠定了理论基础。

自从 20 世纪 60 年代世界上第一台激光器诞生以来,科研工作者对激光进行了多方面的研究和应用。1963 年—1965 年相继发明了 CO_2 激光器和 YAG 激光器,经过对激光的特性和激光束与物质相互作用机理的深入研究,激光技术的应用领域开始不断明确和具体化。50 多年来,激光技术及其应用发展迅猛,已与多个学科相结合形成多个应用技术领域,如激光加工技术、激光检测与计量技术、激光化学、激光医疗、激光制导等。这些交叉技术与新的学科的出现,极大地推动了传统产业和新兴产业的发展,同时赋予激光加工技术更广泛的应用领域。

激光辐射,简单来说就是光,确切地说是由激光工作介质产生的一种电磁波。运用适当的技术手段,使能量传递到激光工作物质,从而提高介质的能级,这一过程被称为泵浦。基本上,原子、分子等都会努力获得低能级状态。被迫泵浦到高能级状态的激光工作物质与非激光工作物质相比有一个明显优点,就是它的高能级状态比物理期望值长(这种状态称为亚稳态），这样可使处于高能级状态的离子或分子比低能级状态的多（粒子数反转），这个原理被用于激光。如果其中一个粒子有机会回到低能级状态（自发跃迁），那么这两种能态的能量差会以光量子（光子）的形式释放出来。如果激光器按照一定的结构设计，光子就能被适当的镜片反射回激光工作物质，产生受激放大，这个光子会激发激光器工作物质中的另一处高能级状态的粒子回到低能级状态（受激跃迁）。同样，与第一个光子具有相同能量（单频）、相同振动相位（相干）的第二个光子沿相同的光轴方向被释放出来。

依靠激光工作物质特有的放大性质，与第一个光子具有相同参数的光子在组成光学谐振腔的两面镜子间产生，并产生层叠。之后，这一过程趋于平稳，达到能量的供给和消耗的平衡。图 9.19 是激光产生的原理图。

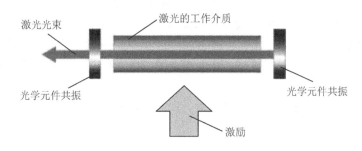

激光光束　激光的工作介质　光学元件共振　光学元件共振　激励

图 9.19　激光原理

激光与其他光相比，具有高亮度、高方向性、高单色性和高相干性的特点，其中：

（1）高亮度：激光亮度远远高于太阳光的亮度，经透射镜聚焦后，能在焦点附近产生几千度甚至上万度的高温，因而能加工几乎所有的材料。

（2）高方向性：激光的高方向性使激光能有效地传递较长距离，能聚焦得到极高的功率密度，这在激光切割和激光焊接中是至关重要的。

（3）高单色性：激光的高单色性几乎完全消除了聚焦透镜的色散效应，使光束能精确地聚焦到焦点上，得到很高的功率密度，相应的功率密度可达 $0.10 \, \mathrm{mW/cm^2} \sim 10^3 \, \mathrm{mW/cm^2}$，比一般的切割热源高几个数量级。

（4）高相干性：激光相干性好，在较长时间内有恒定的相位差，可以形成稳定的干涉条纹。

正是由于激光具有以上所述的四个特点，才使其得到了广泛的应用。激光的一个重要领域就是切割电路基板外形，有以下两个重点方面。

1. 光束质量的特征值

任何旋转对称的激光束具有如图 9.20 所示的三个参数。其中：z_0 决定着激光的焦深，即激光的聚焦点；w_0 决定着光斑最小直径，影响着切割缝隙宽度；Θ_0 决定着激光的发散程度，在切割厚度较大的材料时，该项参数尤为重要。

多种具有特征化的值被用于描述激光束的束质，这些特征值通过简单计算能相互直接转换。

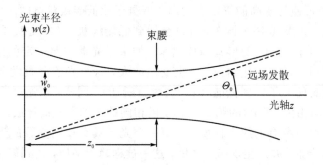

图 9.20　光束传播的参数精度以及光束特性式

光束参数积是由以上描述的旋转对称激光束的参数得出，是 w_0 和 Θ_0 值的乘积，它在整个激光束区域守恒。例如，通过安装透镜和（或）扩束镜来改变直径，总会影响光束的发散。因此，光束参数积是用来衡量光束聚焦能力的，只有在使用像差或孔径效应的光学系统时才会影响外光路的光束参数积。

K 值或 M^2 值是光束参数积的测量标准，与激光束的物理界限和聚焦能力相关。公式表示如下：

$$K = \frac{1}{M^2} = \frac{\lambda}{\pi} \frac{1}{w_0 \cdot \Theta_0}$$

这两个特征参数用来描述理想激光的特征，通常情况下，K 值在 $0.1 \sim 1$ 之间，M^2 值在 $1 \sim 10$ 之间。BPP 值通常用来取代 K 和 M^2，描述那些光束特性相对远离理想值的激光，也就是说，K 值远低于 0.1 而 M^2 远大于 10。这三个特征值可以用来描述所有圆形对称的激光束。

图 9.21 显示了与光束参数积和光束功率有关的典型激光应用领域。

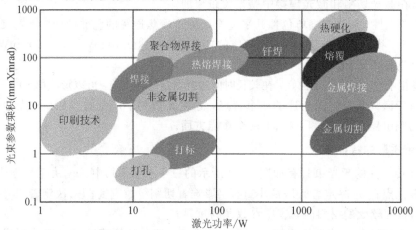

图 9.21　典型的激光应用领域（由德国亚琛市的夫朗和费激光技术研究所提供）

2. 激光光束聚焦

任何激光束都能被聚焦，使用合适的光学元件，就能将激光束减小到一个极小的光束直径，图 9.22 为激光束面镜或透镜的聚焦示意。波长 λ 的一个旋转对称激光束的聚焦半径 r_{foc} 能够通过公式 (9-1) 计算出来，只要分别知道激光束在反射镜和透镜上的半径 r、远场发散角 Θ_0 和光束特征参数 K。

$$r_{foc}^{ideal} = \frac{f \cdot \lambda}{r \cdot \pi} \tag{9-1}$$

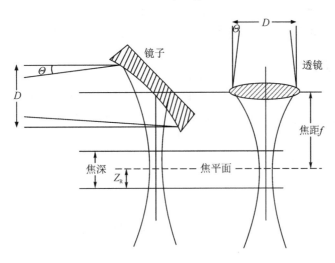

图 9.22 激光束面镜或透镜的聚焦

公式 (9-1) 表明：理想激光束 ($K = 1/M^2 = 1$) 通过焦距在 f 上的一个理想光学元件，能够在一个非常微小的光斑半径上被聚焦。

雷利距离指的是光束焦点到光束截面面积加倍的截面距离。焦点深度按定义是雷利距离的两倍。量化如下：

$$Z_R = \frac{f^2 \lambda}{2r^2 \pi K} \tag{9-2}$$

9.3.2 激光加工的特点

激光加工技术是利用激光束与物质相互作用的特性，对材料进行切割、焊接、表面处理、打孔、增材加工以及微加工等的一门加工技术。激光加工与其他加工技术相比有其独特的特点和优势，它的主要特点如下：

(1) 非接触加工：激光属于非接触加工，切割不用其他工具，切边无机械应力，也无刀具磨损和替换、拆装问题，因此可缩短加工时间。

（2）对加工材料的热影响区小：激光束照射到的是加工材料的表面局部区域，虽然在加工部位的温度较高，产生的热量很大，但加工时的移动速度很快，其热影响的区域很小，对非照射区域几乎没有影响。

（3）加工的灵活性：激光束易于聚焦、发散和导向，可以很方便地得到不同光斑尺寸和功率大小，从而适应不同的加工要求。

（4）微区加工：激光束不仅可以聚焦，而且可以聚焦到波长级光斑，使用这样小的高能量光斑可以进行微区加工。

（5）可以通过透明介质对密封容器内的工件进行各种加工。

（6）可以加工高硬度、高脆性及高熔点的多种金属和非金属材料。

9.3.3　激光加工的分类

随着激光加工技术的不断发展，其应用越来越广泛，加工领域、加工形式多种多样，但从本质而言，激光加工是激光束与材料相互作用而引起材料在形状或组织性能方面改变的过程。从这一角度出发，可将激光加工分为以下几种类型。

1. 激光材料去除加工

在生产中常用的激光材料去除加工有激光打孔、激光切割、激光雕刻和激光刻蚀等技术。

激光打孔是最早在生产中得到应用的激光加工技术。对于高硬度、高熔点材料，常规的机械加工方法很难或不能进行加工，而激光打孔则很容易实现。如金刚石模具的打孔，采用机械钻孔，打通一个直径 0.2 mm、深 1 mm 的孔需要几十个小时，而激光打孔只需要数分钟，不仅提高了效率，而且能节省许多昂贵的金刚石粉。

激光切割具有切缝窄、热影响区小、切边洁净、加工精度高、光洁度高等特点，是一种高速、高能量密度和无公害的非接触加工方法。

2. 激光材料的增材加工

激光材料增材加工主要包括激光焊接、激光烧结和激光快速成形技术。

3. 激光材料改性

激光材料改性主要有激光热处理、激光强化、激光涂覆、激光合金化、激光非晶化和激光晶化等。

4. 激光微细加工

激光微细加工起源于半导体制造工艺，是指加工尺寸约在微米级范围内的加工方式。纳米级微细加工方式也称为超精细加工。

5. 其他激光加工

激光加工在其他领域的应用有激光清洗、激光复合加工、激光抛光等。

9.3.4 激光器的分类

在激光材料加工中，激光器系统是产生激光束(热源)的关键部件之一。在激光材料加工中常用的有固体激光器、CO_2 激光器等几种激光器系统。目前用于激光加工的固体激光器通常是掺钕钇铝石榴石激光器(简称 Nd：YAG 激光器)、钕玻璃激光器和红宝石激光器等，气体激光器通常是 CO_2 激光器和准分子激光器。

1. 固体激光器

1960 年问世的第一台激光器就是固体红宝石激光器。固体激光器以其独特的优越性在各种材料的加工中获得广泛的应用，其优点主要如下：

(1) 输出光波波长较短；

(2) 固体激光器输出较易使用普通光学元件传递；

(3) 结构紧凑、牢固耐用、使用维护比较方便，价格也比气体激光器低。

固体激光器系统主要由激光器、光学聚焦和观察系统、工作台系统及电源供电系统组成。固体激光器的基本结构如图 9.23 所示，它主要由工作物质、聚光器、全反射镜、部分反射镜、脉冲氙灯、触发电路、储能电容、高压充电电源等部分组成。

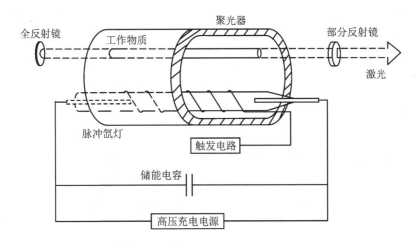

图 9.23 固体激光器基本结构

工作物质是激光器的核心，它将泵浦灯中部分光能转换为相干光。它由发光中心的激活离子和为激活离子提供配位场的基质组成。固体激光工作物质应具有较高的荧光量子效率、较长的亚稳态寿命、较宽的吸收带和较大的吸收系数、较高的掺杂浓度及内损耗较小的基质，也就是说具有高增益系数、低阈值的特性。

用于激光热加工的固体激光器主要有三种，它们的主要工作物质分别是红宝石、Nd：YAG 和钕玻璃。表 9.4 列出了这三种常见固体激光器工作物质的主要性能。

表 9.4　三种常见固体激光器工作物质的主要性能(室温)

性　能	材　料		
	红宝石	Nd:YAG	钕玻璃
基质成分	$\alpha - Al_2O_3$	$Y_3Al_5O_{12}$	如 $K_2O - BaO - SiO_2$
基质结构	六方晶系	六方晶系	固溶体
掺杂质量分数/%	Cr^{3+} 0.05	Nd^{3+} 1.0	Nd_2O_3 3.1
波长/μm	0.694 3	1.06	1.06
频率/Hz	4.32×10^{14}	2.83×10^{-14}	2.83×10^{-14}
吸收宽带	很宽	窄	较宽
荧光线宽/s^{-1}	3.3×10^{11}	4.32×10^{14}	7.0×10^{12}
荧光寿命/ms	3	0.23	0.6~0.9
折射率	1.76	1.82	1.52
热膨胀系数/$(10^{-6}K^{-1})$	6	6.9	7.0
热导率/$(W\cdot cm^{-1}\cdot K^{-1})$	0.384	0.14	0.01
$N_{阈1}$/cm^{-3}	8.7×10^{17}	1.4×10^{16}	1.4×10^{18}
$N_{阈2}$/cm^{-3}	8.4×10^{18}	1.4×10^{16}	1.4×10^{18}
荧光量子效率	0.5~0.7	1	0.4~0.6

　　红宝石激光晶体的基质为刚玉(Al_2O_3),掺入三价金属铬离子 Cr^{3+} 为激活离子所组成的晶体激光材料,其化学式为 $Cr^{3+}:Al_2O_3$。红宝石晶体具有较好的光学质量、化学成分与结构稳定性、力学性能好、质地坚硬、熔点高、热性变小、热导率高、抗激光破坏性能强等优点,尤其在低温下性能更高。

　　掺钕钇铝石榴石晶体是在基质材料(钇铝石榴石单晶)中掺入适量的三价钕离子 Nd^{3+} 形成的。掺钕钇铝石榴石(Nd:YAG)激光器具有很高的增益、良好的热性能和力学性能,是科学技术、医学、工业和军事等领域中最重要的固体激光器。

　　钕玻璃是以玻璃为基质,掺入适量的氧化钕而制成的固体激光工作物质。钕玻璃一般具有良好的光学均匀性(各向同性),并且具有非常高的掺杂浓度和极好的组织均匀性,性能稳定,玻璃的形状和尺寸有较大的自由度。表 9.5 列出了用于激光热加工的固体激光器的常用参数。

表 9.5 三种固体激光器的常用参数

类型	波长/μm	工作方式	激光功率或脉冲能量	脉冲宽度/ns	发散角/mrad	效率/%
红宝石	0.6943	脉冲	$100\sim1000$ J/脉冲(TEM$_{mm}$)	$1\sim10$	$5\sim10$	1
			1 J/脉冲(TEM$_{00}$)	$1\sim3$		
			10^8 W$\sim10^9$ W			
			10^{-2} J/脉冲			
Nd:YAG	1.06	连续 脉冲 Q开关	2100 W(TEM$_{mm}$)		$10\sim20$	$1\sim3$
			20 W(TEM$_{00}$)		$0.2\sim2$	
			$1\sim500$ J/脉冲	$0.1\sim20$	$5\sim20$	
			5 J/脉冲(TEM$_{00}$)		3	
			5×10^{-3} J(TEM$_{00}$)	$(3\sim20)\times10^{-5}$	0.1	
			1×10^{-3} J	$(0.1\sim1)\times10^{-5}$		
			10^8 W$\sim10^9$ W	10^{-5}	$5\sim20$	
			$(37\sim350)\times10^{-3}$ J			
			8×10^5 J(TEM$_{00}$)		$1\sim10$	
			10 W(TEM$_{00}$)		0.1	
钕玻璃	1.06	脉冲 Q开关 锁模	500 J	$0.5\sim10$	$1\sim10$	2
			5×10^{10} W(100 J/脉冲)			
			1.7×10^{13} W	10^{10}	$0.2\sim0.3$	

2. 气体激光器

气体激光器是以气体或蒸气为工作物质的激光器，是目前种类最多、波长分布区域最宽、应用最广泛的一类激光器。气体激光器输出光束的质量高，其单色性和发散度均优于固体和半导体激光器，是很好的相干光源。目前气体激光器是功率最大的连续输出的激光器，与其他激光器相比，气体激光器还具有转换效率高、结构简单、造价低廉等优点。

自从 1964 年研制成功第一台 CO_2 激光器以来，由于 CO_2 在电光转换效率和输出功率等方面具有的明显优势，这种激光器得到了迅猛发展。CO_2 激光器的输出功率和能量相当大，并且可以连续波工作和脉冲工作。连续波输出功率已达到数十万瓦，CO_2 激光器是所有激光器中连续波输出功率最高的激光器。CO_2 激光器的脉冲输出能量达数万焦耳，脉冲宽度可压缩到纳秒级，脉冲功率密度高达 1012 W/cm^2。CO_2 激光器的能量转换效率为 $20\%\sim25\%$，是能量利用率最高的激光器。CO_2 激光器的输出谱带也相当丰富，主要波长分布在 $9\ \mu m\sim11\ \mu m$，正好处于大气传输窗口。

在 CO_2 激光器中，激光工作物质 CO_2 是一种线性排列的三原子分子(线性对称)，中间是碳原子，两边对称排列氧原子。在正常情况下，CO_2 分子处于不停运动状态，存在三种基本的振动方式和四个振动自由度。图 9.24 显示了这三种基本的振动方式(反对称振动、对称振动、形变振动）。在简谐近似条件下，CO_2 分子的三种基本振动近似简谐振动，并且三种振动相互独立。激光跃迁主要在 001～100 之间，输出波长为 10.6 μm 的激光。

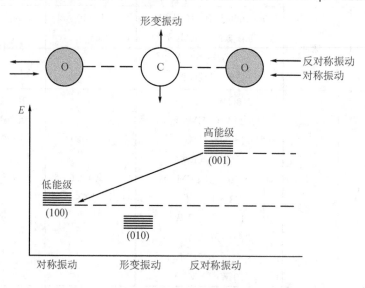

图 9.24　CO_2 分子振动能级跃迁图

CO_2 激光器是目前工业应用中功率最大、光转换效率最高、种类较多、应用较广泛的气体激光器。CO_2 激光器主要的分类及特性如表 9.6 所示。

表 9.6　CO_2 激光器的分类及特性

分类方式		特　点	应用领域
按输出方式	连续 CO_2 激光器	激光能量以平稳连续形式输出	激光切割、焊接、表面改性
	脉冲 CO_2 激光器	激光能量以脉冲、间断的形式输出，可以实现瞬时峰值功率输出，调制频率最高达 1 MHz	激光打标、精密切割和焊接
	Q 开关输出	电光调 Q 与声光调 Q	
按结构分类	横流 CO_2 激光器	激光输出功率高，最大输出功率不小于 150 kW，光束质量相对较差	激光表面改性、焊接
	轴流 CO_2 激光器（快流、慢流 CO_2 激光器）	光束质量高、效率高、体积小，激光输出功率达到 25 kW	激光切割、焊接
	封离式 CO_2 激光器	光束质量好、寿命长、结构简单、可靠性高、运行费用低	微细加工、薄板的激光切割

从激励方式来区分，CO_2 激光器可以分为高压直流辉光放电激励、电子束激励、Macken 辉光放电激励、射频激励和微波激励这几种不同的激励方式，如表 9.7 所示。

表 9.7　CO_2 激光器的不同激励方式

激励方式	特　点
高压直流辉光放电激励	依靠气体在高压下放电电离产生的电子来激发，属自持放电激励
电子束激励	利用腔外高能电子枪产生的电子束直接注入腔内来激发，属非自持放电激励
Macken 辉光放电激励	利用具有特殊性质的电场和均匀磁场来实现矩形放电，结构得到简化，输出功率高，成本低
射频激励	放电均匀、注入功率密度高、寿命长、光束质量高、结构紧凑、电转化效率高
微波激励	注入功率密度高、效率高、寿命长、造价低，尚处于研究阶段

CO_2 激光器的电光转换效率一般为 15%～20%，将近 80% 以上的输入功率变成了热能，使工作气体温度升高。工作气体的温度直接降低了粒子数的反转程度和光子辐射的速度，使激光器的输出功率降低。因此废热的排除和工作气体的冷却是保证高功率激光器连续运转的必要条件。按照气体冷却方式的不同，可将高功率 CO_2 激光器分为扩散冷却和流动冷却两大类，其中流动冷却又分为轴向、横向和螺旋流动等类型。

（1）扩散冷却型 CO_2 激光器：其工作气体是靠气体自身的热扩散来冷却的。较高功率的封离型激光器都具有一套真空排气—充气系统，用于腔内变质气体的更换，将这种激光器称为准封离型激光器。

（2）轴向流动型 CO_2 激光器：其工作气体沿放电管轴向流动实现冷却，气流方向同电场方向和激光方向一致，它包括慢速轴流(气流速度在 50 m/s 左右)和快速轴流(气流速度大于 100 m/s，甚至可达亚音速)。慢速轴流 CO_2 激光器由于结构复杂、输出功率低，因此较少采用。采用较多的是快速轴流 CO_2 激光器。

（3）横向流动型 CO_2 激光器：其工作气体是沿着与光轴垂直的方向快速流过放电区来维持腔内较低气体温度。横流激光器中气压高，光腔流道截面面积大，流速也相当高，所以横流 CO_2 激光器输出功率大。横流 CO_2 激光器的光束质量比轴流 CO_2 激光器的差，一般输出高阶模，常用于激光表面淬火、表面熔覆和表面合金化。

9.3.5　激光打孔与外形切割

激光打孔是最早在工业生产中应用的且比较成熟的激光加工技术，也是激光加工的主要应用领域之一。随着近代工业和科学技术的迅速发展，使用硬度大、熔点高的材料越来越多，而传统的加工方法已经不能满足某些工艺要求。激光束在空间和时间上高度集中，利用透镜聚焦可以将光斑直径缩小到微米级从而获得 10^5 W/cm^2～10^{15} W/cm^2 的激光功率密度。如此高的功率密度几乎可对任何材料进行激光打孔，而且与其他方法如机械钻孔、电火花加工等常规打孔手段相比，具有以下显著的优点：

（1）激光打孔不受材料的硬度、刚性、强度和脆性等力学性能限制。

（2）激光打孔速度快、效率高、精度好，非常适合数量多、密度高的多孔、群孔加工。

（3）激光打孔可以获得很大的深径比。

（4）激光打孔可以在难加工材料上加工出与其平面倾斜 6°～90°的斜向小孔。

（5）激光打孔没有工具损耗。

工程陶瓷材料具有低导热率、高弹性模量、低密度、耐磨损等优良特性，与金属材料、高分子材料并称为"三大材料"。但工程陶瓷材料抗剪应力很高而抗拉伸应力极低，且弹性模量大、硬度高、脆性大，使用传统机械加工方法很难加工出形状复杂的产品，存在加工成本高、效率低、加工质量不理想等问题。陶瓷对激光具有较高的吸收率，尤其是氧化物陶瓷，对 10.6 μm 波长激光的最高吸收率可达 80% 以上，温度可高至上万摄氏度，在瞬间即可使陶瓷材料局部熔化和蒸发。因此，利用激光加工可以有效解决工程陶瓷这一难题。

激光打孔过程是激光和物质相互作用的热物理过程，它是由激光光束特性和物质的诸多热物理特性决定的。这个过程是聚焦的高能量光束照射在待加工件上，使被加工材料表面激光焦点部位的温度迅速上升，瞬间可达万摄氏度以上，当温度升至接近材料蒸发的高温时，激光对材料的去除加工开始进行，此时，固态材料发生强烈的相变，最先出现液态材料，进而产生待蒸发的气相材料，随着温度的不断上升，材料蒸气携带着液相物质被高压材料蒸气从加工区排出，从而完成打孔过程。以脉冲激光打孔为例，激光打孔过程如图 9.25 所示。

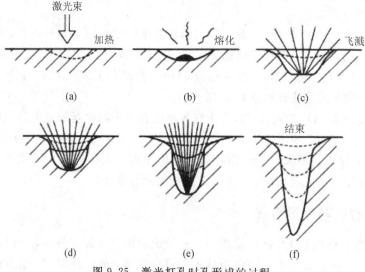

图 9.25　激光打孔时孔形成的过程

由上述脉冲激光打孔过程可以看出，材料的熔化和蒸发是激光打孔的两个最基本的过程，其中，提高汽化蒸发的比例可以增加孔径的深度，而加大孔径主要靠孔壁熔化和通过蒸气压力以飞溅的方式将液相物质排出加工区来实现。

激光打孔的形式多种多样，其类型可分为复制成型法、轮廓成型法以及激光外形切割。

1. 复制成型法

复制成型法是控制激光束的形状进行加工，所得孔的形状与光束相似。在加工过程中，通过调整激光参数或在光学系统中加入异形孔光阑，使输出的激光束以特定的形状和精度重复照射到被加工材料固定的一点上，在与辐射传播方向垂直的方向上，没有光束和工件位移的情况下"复制"出与光束形状相同的孔，如图 9.26 所示。复制成型法所用激光器多为红宝石激光器、钕玻璃激光器或者 CO_2 激光器，采用单脉冲或低重复频率多脉冲的形式进行打孔。该方法主要用于形状简单的孔加工，具有加工速度快、重复性好的优点。

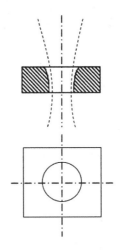

图 9.26　采用复制成型法进行激光打孔

2. 轮廓成型法

轮廓成型法是采用逐点挖坑、分层去除的方式进行激光加工的。工件上打孔的形状是由激光束和工件相对位移的轨迹逐层形成的。用轮廓成型法加工时，激光器既可以在高重复频率脉冲状态下工作，也可以在连续状态下工作。激光器主要采用 Nd∶YAG 激光器和 CO_2 激光器。在使用脉冲方式进行加工时，要注意脉冲的重复频率应与工件相对位移速度协调一致，即激光束照射在工件上的光斑所形成的凹坑必须连续地彼此叠加，从而形成一个完整的、连续的轮廓，如图 9.27 所示。利用轮廓成型法，可以对形状复杂的变截面孔进行加工，并可获得精度很高的孔形。

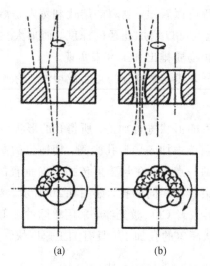

图 9.27　采用轮廓成型法进行激光打孔

3. 激光外形切割

激光切割是将激光束聚焦形成很小的光斑(光斑直径小于 0.1 mm),在光束焦点处获得较高的功率密度,所产生的能量足以使在焦点处材料的热量大大超过被材料反射、传导或扩散而损耗的部分,由此引起激光照射点处材料的温度急剧上升,并在瞬间达到汽化温度,产生蒸发,形成孔洞。激光切割以此作为起始点,根据被加工工件的形状要求,令激光束与工件按一定运行轨迹做相对运动,形成切缝。在激光切割过程中加工系统还应设置必要的辅助气体吹除装置,以便将切缝处产生的熔渣排除,如图 9.28 所示为激光切割示意图。

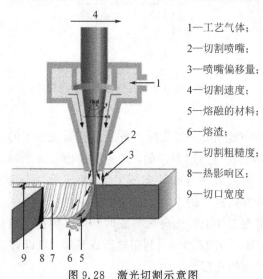

1—工艺气体;

2—切割喷嘴;

3—喷嘴偏移量;

4—切割速度;

5—熔融的材料;

6—熔渣;

7—切割粗糙度;

8—热影响区;

9—切口宽度

图 9.28　激光切割示意图

第 10 章　薄膜工艺中的其他重点技术

前面几章介绍了成膜、光刻、镀金、调阻和外形切割等薄膜工艺技术。这些单项工艺技术分别对应着薄膜工艺中某一道工序的核心技术，都有具体的能力指标。一般来说，指标越高，证明这道工序的加工能力越强。如使用激光、砂轮划切工序，可加工的外形尺寸越小，说明外形切割工序能达到的工艺技术水平越高，越能满足更微小、更精细的电路基板的设计需求；光刻曝光工序可分辨出的线条线宽越细，则代表光刻工序的工艺技术能力越强，工艺水平越高。通过这些单项工序，整套薄膜工艺体系也就随之建立起来。

但是在薄膜电路的生产与应用过程中，设计师等从产品性能实现角度考虑，往往更关注图形的精细化能力与控制精度，金属化通孔、微细线条制作水平，侧面图形光刻技术以及空气桥(介质桥)的制作技术等，这些技术无法通过单一工序实现，而是综合了各工序单项工艺技术而形成的综合性的薄膜工艺能力，代表一套薄膜工艺的水平，也是影响薄膜电路性能与应用可靠性的主要因素。本章将介绍薄膜工艺中综合了单项工序能力的几项综合重点技术，供相关技术人员参考。

10.1　金属化通孔制作

与厚膜印刷电路、覆铜印制电路等其他类型的电路相比，薄膜电路明显具有互连密度高和线条精度高等优点，并具有可实现小尺寸的高可靠孔金属化通孔、集成精密电阻、电容和电感等小型化无源元件等优势。微波薄膜电路工作频率高，要求信号要有低的传输损耗，其电路接地要求也较为严格。传统的采用金丝将电路局部与大面积接地相连的方法由于使用的电路连接线过长，形成的附加电感会引起电路的串扰和插入损耗。而利用薄膜金属化通孔进行基板的接地连接，不仅能够减小电路串扰和插入损耗，而且可以增加电路的散热能力及长期工作的可靠性。

金属化通孔是薄膜电路设计中，将绝缘性质的薄膜基板的正面与反面图形的金属化层进行良好导通的常见和重要布局设计要素，而通孔金属化也就成为薄膜电路制作工艺中必不可少的重点工艺技术。简单说来，薄膜电路金属化是对贯穿基板正反面的通孔，采用物理或化学的方法，在通孔孔壁上沉积导电金属化层的过程。制作金属化通孔一般的工序为：激光打孔、溅射、电镀和光刻。

根据薄膜电路金属化孔的实现形式，可以简单分为通孔侧壁溅射金属化、增强型金属化通孔和金属填充实心孔三种。下面分别说明其工艺特点。

1. 通孔侧壁溅射金属化

传统制作薄膜金属化通孔的工艺过程是，采用固体、二氧化碳、紫外、皮秒等各种波长的激光器或涂覆金刚石粉末的合金钢钻头在基板上形成一定孔径的陡直通孔；再通过正面和反面 PVD 依次溅射成膜的过程，在基板的正反面和孔内壁上沉积上连续、致密的金属膜层籽晶层；随后通过光刻、干法刻蚀和电镀等工序，在孔壁侧面积和金属化孔环周形成连续、致密、有一定厚度的金属膜层，最终形成接触电阻较小的金属化通孔。金属化通孔的存在，不仅实现了基板正反面电路图之间的导通，同时具备一定散热能力，也能减小信号通路的损耗。

侧壁溅射金属化通孔的剖面示意图如图 10.1 所示。

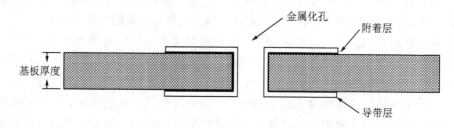

图 10.1　侧壁溅射金属化通孔的剖面示意图

从图 10.1 可看出，PVD 金属化之后的通孔，其孔壁上和电路的正反面都覆盖有金属化层，但是由于溅射、蒸发等 PVD 过程的方向性，在同样的工艺条件下，在孔壁上形成的膜层厚度一般较薄，统计数据显示平均值约为正、反面金属层厚度的 1/2。薄膜电路通孔的溅射金属化，与 PCB 行业的孔金属化工艺有明显不同，它不是事先进行沉铜孔化，而是在溅射正面或反面的金属化层时，利用溅射过程中离子的无方向散射特点，在基板面对靶材的表面沉积一层膜层的同时，在通孔内壁也附着上一层薄薄的金属层。这种金属化的方法不仅工作效率高，基本不需要额外的工序，操作也十分简单。由于被溅射的金属粒子带有一定能量，因此能在孔壁上比较牢固地附着，通孔金属化的效果也比较好。

由于溅射原理和膜层结构的需要，薄膜金属膜层在沉积时，一般都是多层膜，因此在通孔壁上同时沉积的也都是多层膜，但孔内壁上附着的溅射膜层厚度，由于溅射过程的粒子漫射效果有限，一般是平面上的膜层厚度的 1/2。并且，由于是采用正反面依次溅射的方式，在孔的中部必然存在一个正面和反面膜层的重叠区，这一区域相比基板正面的膜层，附着力会相对差一些。但根据长期的实践数据可知，正常工艺情况下孔内壁的膜层，仍然可以承受空间环境试验中的温度循环、机械冲击等严苛考验而不出现脱落、起皮等现象，因此可以满足较严格的空间、机载、军事等方面的应用需求。

通孔侧壁溅射金属化是薄膜电路制作过程中最常用的孔金属化方法，该方法的优点在于，金属化孔的形成比较方便，与正反面的膜层一起溅射形成，但是孔内壁的膜层一般会比表面薄一些，这主要取决于孔的板径比，在过厚的基板上对过小孔径的孔进行金属化时，会出现孔内金属化效果不良等问题。即使后续电镀金时也会对孔内壁加厚，但是高可靠的薄膜电路设计中要求，金属化孔的径深比不得小于 0.8。

激光打孔是利用聚焦的高功率激光束加热陶瓷材料的小块区域，由此引起照射点材料温度急剧上升，到达沸点后，材料开始汽化并形成孔洞，随着光束与工件的相对移动，最终使材料形成切缝。切缝处的熔渣被一定压力的辅助气体吹除。激光切割打孔由于具有良好的切缝质量、加工的高效率和具有可切割任意形状外形等优点，是目前薄膜电路生产中采用的最为有效的切割打孔方式之一。

有孔基片在经历溅射工序后，除了表面会镀上膜，其孔内壁也会镀上膜，从而形成孔金属化。在孔金属化的过程中，孔壁金属化的连续性、厚度、附着力的好坏是影响其质量的关键因素。目前常采用溅射的方式进行金属化，利用溅射时原子的绕射作用，可以得到较好的金属化效果。孔径深比、膜系结构的选取、溅射设备磁场分布和强弱等都会影响到孔金属化质量。该阶段孔内壁将会覆盖一层溅射膜层，以常规的 NiCr(TiW) - Ni - Au 层为例，测试数据显示，在溅射金层约 1000 Å，通孔径深比大于 0.6 的情况下，单孔的溅射金属化接触电阻一般在 3 Ω～5 Ω。大量数据统计结果显示，溅射金属化通孔的导通电阻大约是几欧姆（不超过 5 Ω）。如果达不到这个数值，则应该是溅射孔化工艺出了问题。

电镀金过程中，以原有孔内壁上沉积的溅射金层为生长基础，孔内壁也会镀上一层较厚的电镀金，这一镀金层是减少接地孔接触电阻的主要贡献者。根据电镀原理，电镀溶液自身的分散能力，电镀时挂具的形式和摆动方向等都会在很大程度上影响到孔内壁电镀层的质量，在电镀溶液的分散能力较强，挂具摆动方式与溶液流动方式保持基本垂直，以及人工增加孔内溶液流动性等多方面因素的共同作用下，薄膜电路经过电镀金（3 μm 左右）后，良好的单个金属化孔的导通电阻一般在 50 μΩ 以内，可以满足设计应用需求。

在溅射金属化接地孔的制作过程中，光刻过程仅对非图形区域进行腐蚀，而金属化孔一般都在图形区域，所以理论上不会影响孔金属化，但光刻过程中如果操作不当，也有可能会使孔金属化质量恶化。具体来说，光刻胶是用来保护需要的图形部分的，是通过旋转涂敷，在基片表面形成一层均匀、致密的光刻胶膜层。在薄膜工艺中，光刻胶的厚度一般都是微米量级的。当基片上有通孔时，在孔位置附近涂敷光刻胶其覆盖特性就会变化，会有部分胶进入孔内壁，同时孔周边的光刻胶厚度与其他部位也有差异，这就会导致保护能力下降。孔周边的胶过薄，在腐蚀时易出现孔边缘被腐蚀。孔内胶的覆盖情况也难以检测，其覆盖能力往往不佳，在腐蚀时很容易破坏金属。因此，许多成熟生产线都对接地通孔在图形腐蚀前进行点胶保护，以确保光刻胶对孔的保护能力。

2. 增强型金属化通孔

近年来，随着对薄膜电路孔金属化可靠性要求的提高及工艺研究的深入，许多国内外的生产线都推出了"增强型金属化通孔(Enhanced Via)"的做法。所谓"增强型金属化通孔"，就是相对常规的溅射金属化通孔方式，对孔内壁膜层进行显著的加厚处理，以达到更小的接触电阻和更高的连接可靠性。增强型金属化通孔的实现主要有以下几种途径。

　　一种是通过周期换向电源在溅射完成正反面之后，通过周期换向电源对孔内壁进行电镀金操作。采用周期换向电源，可以获得较厚孔内壁镀层的同时又不会对正反面造成过厚的镀层。另一种方法，则是采用先溅射背面，然后进行电镀(一般会将镀层厚度提高到 5 μm 以上)，这样孔内壁会形成较厚的金属层，然后溅射正面膜层，进行电路图形的制作，该方法仅适合于背面没有电路图形或者背面电路图形精度和刻蚀质量要求不高的情况。还有一种加强孔的做法是通过选择性电镀获得，即采用光刻的方式，在电路基板表面将需要加厚孔的环带区域暴露出来，其余地方利用光刻胶覆盖保护，带着保护的胶进行电镀加厚。

　　加强型金属化通孔的剖面图如图 10.2 所示。

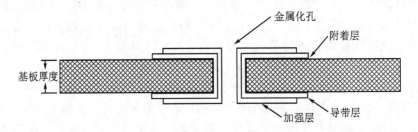

图 10.2　加强型金属化通孔剖面图

　　增强型金属化通孔在一定程度上加强了正反面导通金属层厚度，因此单孔导电、导热的性能更好，应用可靠性也更高。但是，增强型金属化通孔工艺也存在两方面的不足，一方面是单面溅射的孔金属化效果有限，往往在另一面无法形成连续的金属膜；另一方面，电镀加厚后的金属层厚度，一般都在微米级以上，会在电路图形面形成一个明显的台阶，与随后溅射的金属层无法形成一个平面，会导致后续在通孔附近的焊接与键合存在问题。

3. 金属填充实心孔

　　填充孔采用向通孔内填充导电浆料，烧结后固化形成可靠金属连接柱的方式实现金属化孔的导电和导热，由于金属连接柱的直径一般都在几百微米，因此具有更高的电流承载能力和更高的至接地板的热传导性，消除了溅射镀金通孔带来的一些可靠性问题。从原理上说，填充孔的导通性能和可靠性比溅射金属化通孔高，其结构剖面如图 10.3 所示。

　　但是，要成功地应用填充孔工艺，首先要解决填充浆料的选择问题，即选择何种浆料后，能够解决填充浆料烧结后的收缩与陶瓷基体上通孔的收缩特性不一致问题。这一问题的解决难度较大，需要通过大量的数据积累和精细的数据分析，精细匹配浆料烧结后收缩率与陶瓷基体上通孔的收缩率。同时，在填充通孔的表面再进行溅射金属化，溅射金属层与填充金属层之间会由于材料不兼容，导致电路表面图形的制作成为难题。此外，由于涉

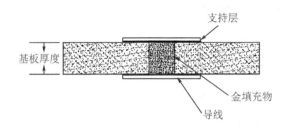

图 10.3　金属实心孔示意图

及到厚膜填充工艺与薄膜工艺的衔接，同时导电金属浆料的费用也比较昂贵，因此采用填充孔的整体薄膜电路的加工费用也相对更高。

　　总体而言，因具有很高的工作可靠性和良好的导电与导热特性，填充型孔金属化技术也是近年来国际上一些著名宇航组织如 ESA 大力推崇的基板孔金属化形式，对于日益高载荷密度和大功率应用的卫星应用方面也尤为重要。

10.2　微细线条制作技术

　　微细线条制作能力是考核薄膜工艺能力高低的一个重要方面。由于微细线条的制作要经过溅射镀膜、光刻、电镀等多个工序，涉及多个专业的工艺细节和精心设计的工艺流程，所以微细线条的制作体现出的是工序能力之间的协调与匹配。毫不夸张地说，一个工序或专业的控制出现偏差，就会出现前后道工序之间的连锁反应，最终造成微细线条的轮廓、线宽精度或可靠性制作达不到要求。

　　总体而言，微细线条的实现依赖于一整套微细线条的制作技术，包含镀膜、掩膜板制作、曝光、显影、腐蚀、电镀加厚等技术子项。一般情况下，某条生产线或某个部门能够制作出越细的线条和越窄的线间距，并且保持线条表面状态的平滑与整齐无缺陷，就代表此生产线或部门掌握微细线条制作的工艺方法的能力越强，越能满足更高的用户设计需求。

　　微细是个相对概念，不同的工艺范畴，微细有其特定含义。在硅基工艺上，国际上已经量产了 7 nm 的工艺；台积电、三星等著名企业不断加强先进工艺，目前三星等企业已经宣布了 3 nm 的工艺路线。业内宣布，3 nm 就是硅基工艺摩尔定律的极限。而就薄膜基板而言，微细线条往往指线条宽度在 20 μm 以下的线条，因为薄膜电路往往需要制作在氧化铝陶瓷、氮化铝陶瓷等微波介质材料上，而由这些材料做成的基板，表面因陶瓷颗粒的烧结，微观下有许多的孔洞和缺陷，在这种表面上，10 μm 的线条能力已经达到了极限，而在表面光洁度很高的特殊基板表面，能够实现 5 μm 的极限线条。

　　依据设计需求，薄膜基板上高质量的微细线条标准，应该满足如下几个要求：

（1）线条轮廓清晰，边缘光滑无毛刺；

（2）线条间距整齐，无桥连；

（3）线条表面无明显缺陷或缺损；

（4）线条宽度与线间距尺寸精度高。

从大量生产实践可知，微细线条制作水平的高低，与以下几个方面有着密切联系。

1. 工艺流程与方法的设计

微细线条的实现，关键是要选取适当的工艺流程，一方面要保证线条尺寸达到微加工能力的极限，满足多样性的设计应用需求；另一方面要保证微细线条的线宽满足高精度的设计需求。

从微加工极限的角度考虑，要综合加工的可靠性、效率和经济成本等多方面因素，选取适当的工艺方法来达到目的。如对于氧化铝陶瓷基板，设计需求 $20\ \mu m$ 以上的微细线条，直接采用先刻后镀工艺或先镀后刻流程，使用湿法腐蚀工艺或干法刻蚀工艺都能得到合格的线条轮廓控制，但湿法腐蚀工艺的成本低一些，效率也高得多；而到了 $10\ \mu m$ 以上 $20\ \mu m$ 以下，湿法腐蚀的各向同性特点导致了线条的可靠性变差，线条轮廓和成品率也明显变差，干法刻蚀工艺因为各向异性的刻蚀原理，成为首选；而到了 $10\ \mu m$ 以下，湿法腐蚀已经无法得到良好的线条质量，只能通过干法刻蚀工艺和选择性镀金流程来解决。

从常规工艺的特点来说，由于湿法腐蚀的侧向腐蚀不能完全消除，光刻腐蚀后线条宽度会变得略窄。而镀金之后，由于镀金层的横向扩展原理，线条宽度一般又会增加。在这两种作用相反的工艺方法的作用下，高精度微细线条的获得过程，实际上是对于光刻工序和镀金工序流程的使用次序的调整与优化。

在传统的薄膜工艺方法中，"先镀后刻"（又称整板电镀＋光刻腐蚀）是一种常用的工艺流程，其实现过程是：在溅射成膜后，直接电镀加厚金层到需要的厚度，然后在整片上进行光刻。在这样的流程下，镀金层有 $2\ \mu m \sim 5\ \mu m$，在光刻腐蚀过程中，由于被腐蚀的镀金层较厚，腐蚀时间较长，光刻湿法腐蚀的各向同性效应比较明显，腐蚀完毕的线条宽度一般会缩小 $5\ \mu m \sim 10\ \mu m$，也就是说，微细线条的线宽精度会达到 $10\ \mu m$ 的量级，已经不能称之为精细线条了。

在传统的薄膜工艺中，"先刻后镀"也是一种常用的流程。其实现流程是：使用溅射、光刻等平面工艺，制作出膜层厚度在几千埃的电路图形。由于有很多图形是非连接的孤立图形，随后需要采用互连孤立点电镀加工的方法，可以将表面的镀金层厚度增加到 $4\ \mu m \sim 7\ \mu m$，但线条的宽度也会横向扩展，增加 $10\ \mu m$ 以上。

从上面两种典型流程的分析来看，微细线条的实现，主要就是将先刻后镀流程与先镀后刻流程综合优化。

2. 基板表面粗糙度(或光洁度)

基板的表面粗糙度(或光洁度)，是指在一定范围内，基板晶粒的凸起与凹陷之间的差距距离，间接反映出基板晶粒的致密程度。粗糙度影响到基于此种基板材料晶粒沉积的溅射金属层晶粒的大小，继而影响到在其上后续电镀加厚的金属层的表面状态。表面粗糙度越大，则晶粒越粗大，随后生成的金属颗层颗粒也就越大，膜层整体不致密，导致了线条边缘的不光滑，会影响到微波应用中信号传输的质量。

基板的表面粗糙度，不仅直接影响到细线条的边缘质量，更决定了在此种基板上能否制作出线宽为微米级的线条。表面粗糙度大的基板，例如 Ra 达到 $1\ \mu m$ 以上，可以肉眼观察到基板表面不反光，并且粗粝不平，晶粒之间排布也不致密，与 Ra 为 $0.01\ \mu m$ 的镜面抛光的光滑基板表面效果有着天壤之别。在粗糙度大的基板上沉积膜层时，如果晶粒太过粗大，则基板最高点与凹坑最低点的距离达到微米级，由于溅射层的厚度一般为几百埃或几千埃，无法填满这个深度的凹坑，则在局部就会造成膜层的不连续，微米级的线条就会直接断裂。实践证明，在表面粗糙度 Ra 为 $0.01\ \mu m$ 的硅片、玻璃、石英片等基板上，能够轻松得到微米级线宽的图形，而表面粗糙度 Ra 为 $0.1\ \mu m$ 的三氧化二铝陶瓷基板上，则只能够得到线宽为 $10\ \mu m$ 左右的图形。

过于粗糙的基板表面无法得到微米级精细线条。那么，表面非常光滑的基板，是不是就一定能得到可靠应用的很细的线条呢？答案也是否定的。因为基板表面光滑、粗糙度低，只是保证了能够光刻、电镀出尺寸精细的线条，并不能保证这样精细的线条能够牢固地附着在基板上。而由于基板表面粗糙度低，膜层在向基板表面沉积时，无法形成膜层原子与基板之间微观的锁合作用，降低了膜层与基板之间的附着力。而对于工程应用而言，微细线条必须能耐受住后续的清洗、焊接操作以及高低温冲击等外界试验条件，因此必须具备良好的膜层附着力。而附着力的保证，既来自于良好的基板表面清洁度，也来自于线条的制作过程中有无产生明显的侧向腐蚀，导致附着力的降低。

3. 曝光设备的分辨率

曝光设备的分辨率，直接决定了微细线条的线条宽度与线间距的尺寸能够小到何种程度。在曝光过程中，当深紫外光对感光胶膜曝光时，分辨率越高，越能实现更精细的图形。当前，主流接触式曝光机可以实现 $2\ \mu m$ 的分辨率，而投影式曝光机可以实现亚微米级别的线条分辨率。

在微细线条的制作中，曝光设备必须首先确保将设计出的微细线条，通过接触式或非接触式的模式，100%无失真地转移到一定厚度的光刻胶上，且必须确保经过曝光、显影后的光刻胶图形，能够形成轮廓、精度都满足设计需求的光刻胶形状。这个要求受到几个因素制约，一方面是曝光设备的镜头分辨率，要能够满足分辨出来线条本体与线条间距。此外，曝光设备的曝光灯功率，也必须确保基板上涂覆的一定厚度的光刻胶，能够被完全曝光透,以至于在后续的显影过程中,尽可能减少残胶和底膜的量。

4. 掩膜板的微细线条分辨率

掩膜板作为常规电路图形生成必备的工序,是设计图形第一次转换成的对象,作为图形转移的母板,其分辨率也直接影响到微细线条的制作。如掩膜板上无法分辨出 10 μm 的图形,则刻蚀出的图形自然也不可能小于 10 μm。所以,在常规的掩膜板曝光模式下,要保证获得最细的线条和最高的线宽精度,必须首先要有一个高对比度和高精度的掩膜板,才能保证微细线条的制作流程有一个好的输入源头。一般来说,掩膜板上线宽的精度能达到 1 μm,曝光出的光刻胶的微细线条精度才能达到 2 μm。但近年来,随着生产模式和制板技术的发展变化,无掩膜光刻技术逐渐得到广泛应用,也就是说,在微细线条的转移过程中,不再需要掩膜板作为设计数据的第一次转换源头,掩膜板自身线条精度对于微细线条的精度影响的程度在明显下降。对于无掩膜制作模式如激光直写直接曝光,由于设备直接驱动激光在光敏抗蚀剂上选择性曝光,而不通过掩膜板进行图形转移,掩膜板对最终电路线条的分辨率的影响就不存在了。

5. 微细图形刻蚀的工艺方法

微细线条制作所采用的图形刻蚀工艺方法,也在很大程度上影响着微细线条的制作质量。最常见的为湿法腐蚀工艺,这种工艺采用化学腐蚀溶液进行湿法腐蚀来去除不需要的膜层,留下需要保留的精细线条。这种工艺方法可批量生产,制造成本最低,但因其固有的侧蚀问题和化学试剂残余难以完全清除干净的影响,导致微细加工能力最低,工作可靠性也最差。与之相对的干法刻蚀工艺,则因各向异性的刻蚀效果,可以在纵向刻蚀完成的同时,得到几乎无侧蚀的图形质量。因此,干法刻蚀工艺是获得微细线条的首选。

各类干法刻蚀技术因原理不同,在具体刻蚀特点上也有较大差异。其中,PE(等离子刻蚀)依靠惰性气体直接进行掩膜保护下的刻蚀,刻蚀轮廓好,但刻蚀速率不高,同时对基板损伤较严重。RIE(反应离子刻蚀)对于金属层的刻蚀效果明显,速率相比 PE 有所提高,但由于其使用氟基气体作为反应气体,存在基片变色方面的不足。ICP(电感耦合等离子刻蚀)刻蚀速率明显提升,对于金属层的刻蚀效果明显,速率相比 PE 和 RIE 有显著提高,但由于其使用氟基气体作为反应气体,依然存在基片变色的不足。IBE(离子束刻蚀)采用环惰性气体进行刻蚀,并且刻蚀速率高,对金属膜层的刻蚀十分有优势,但需要专用设备,造价昂贵。

6. 光刻胶的分辨率

光刻胶的分辨率,也是决定微细线条制作质量的重要因素。根据定义,光刻胶的分辨率是其能在曝光条件下,曝光分辨、显影出的最细线条与线间距。一般来说,正性光刻胶的分辨率优于负性光刻胶,如科华微电子生产的 BN303 负性光刻胶,能够分辨出 3 μm 的线条,而 BP218 正性光刻胶,可以得到 2 μm 以下的分辨率。如果光刻胶的分辨率如果只有

5 μm，自然没有可能制作出高质量的 2 μm 线条。因此，要获得高精度的微细线条，首先要保证光刻胶（光敏抗蚀剂）的分辨率高于设计线宽。如果光刻胶的分辨率太低，则无论如何调整曝光、显影、坚膜等参数，也只能获得粘连、变形的微细线条，无法获得满意的线条。

7. 环境洁净度与温湿度

环境洁净度与温湿度对于微细线条制作质量的影响，主要体现在微观的影响上。若环境洁净度低，空气中的灰尘颗粒或有机杂质颗粒较多，则在甩胶、显影过程中，灰尘颗粒会混入光刻胶或显影液中，影响到微细线条的完整性；而稳定、精细的环境温湿度控制，则会给甩胶的界面提供一个洁净、干燥、疏水性强的工作界面，确保随后的涂胶，可以获得光刻胶与基板上的金属层之间牢固的附着，可以促使更细线条的成功制作。

10.3　侧面图形光刻技术

常规的薄膜电路基板，可以采用翻转基板和接触、接近式光刻技术在正面和反面进行膜层的沉积和图形的光刻。随着薄膜电路制造技术应用范围的扩大，除了传统平板型基板的正面和反面以外，在一些特殊形状基板的侧面，也出现了制作电路图形的需求。这些基板一般为凸凹不平的表面或球形、椭球性表面，还有的是直接在矩形基板的侧棱上形成特定图形，要求在基板的侧面能够形成边缘清晰、膜层厚度均匀的图形。

这种新的基板状态，使用现代的先进磁控溅射设备通过溅射过程的漫反射以及基板夹具的翻转，可以实现侧边膜层的高质量沉积。但是侧面的图形光刻技术，难度却显著增加。原因在于，侧面的图形光刻，如果采用传统涂胶—曝光—显影、定影、坚膜、腐蚀等光刻流程，必须解决侧面均匀涂覆光刻胶、侧面均匀曝光的问题。常规的离心式旋涂光刻胶方式，需要将基片真空吸附或采用夹具固定在匀胶台上，但侧棱涂胶时，为保证涂胶的均匀性，需要将基板翻转 90°，这样基板将无法通过真空吸附来固定，如果采用夹具固定，常规的平面式卡盘并不适用，还需要专门设计、制作夹具，难度较大。

随着匀胶设备技术的发展，目前已经可以通过喷胶方式来解决基板侧面的均匀涂胶问题，在程序的精确控制下，喷胶头在某个方向上沿着特定轨迹往复运动，稀释后的胶液呈雾状颗粒喷洒，基板侧棱、球状及曲面等非平坦表面，甚至有盲孔、通孔的基板也可以获得比较均匀的光刻胶膜层，而侧面均匀曝光的设备和技术都还不成熟。侧面图形的曝光，目前还是个难题，有人采用将多个基板紧密贴合，将单个的小基板侧面的微小面积延伸为较大尺寸的基板，便于一次实现多片的涂胶和曝光。也有人尝试通过计算机控制的激光束，灵活地聚焦在侧面或曲面上，进行无掩膜的选择性曝光。

总之，侧面光刻技术，应用的范围与工况比较特殊，这种侧棱上的图形制作，需要先进的特种设备来参与完成。

10.4　空气桥(介质桥)的制作技术

在功分器、功率合成器、功率放大器、混频器和调制器等典型微波产品的设计中，Lange 电桥应用十分广泛。该桥结构紧凑，可以在微带结构中实现宽带强耦合。Lange 电桥的核心是用多线(常见的 4 线)叉指带线耦合替代常见的双线耦合，从而在微带平面电路中实现较强的耦合。在 HMIC 设计和制造中，传统的 Lange 电桥一般采用跳焊金丝的方式实现跨接。而在 MMIC 技术中，往往采用空气桥或者介质桥来实现密排叉指带线之间的跨接。图 10.4 所示是 Lange 电桥上跨接的结构示意图。

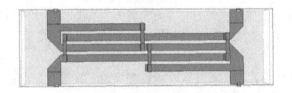

图 10.4　Lange 电桥图示

随着技术的发展，工作频率越来越高，导体的尺寸却越来越小。随着导体尺寸的变小，叉指之间搭线的工艺难度显著增加，而键合的稳定性和可靠性也越来越难保证。同时，键合一致性差的缺点也越来越明显。为此，人们研制出了空气桥来实现叉指带线之间的跨接。

空气桥，顾名思义，就是以空气为桥，托起了在它上面的金属带线，如图 10.5 所示。

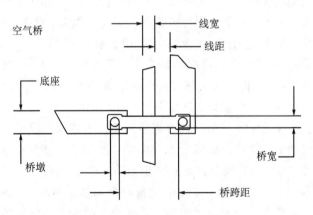

图 10.5　薄膜工艺中的空气桥

实际上，空气桥是悬空金属带线的总称，其主要作用是采用半导体工艺构成一体结构的固态互连实现金属带线之间的跨接，消除了金丝键搭线带来的操作复杂、性能一致性不好等问题，在高频的条件下有利于提高功分器、功率合成器、功率放大器、混频器和调制器等典型微波产品电气性能的稳定性和可重复性。空气桥已经在传输线、电容和场效应管的连接设计中应用了十多年。空气桥在跨接带线尺寸、位置的一致性方面优于搭线。在老产品的重新设计中，空气桥可以用于替换搭线。

由于空气桥在加工、装配、调试等环节容易出现损坏、桥面与下方导体粘连、跨接带线塌陷等问题，介质桥在可靠性方面就体现出了其显著的优势。介质桥是在金属桥面和它所跨接的导带之间增加了一层固态介质层（空气也是一种介质），利用固态介质托起上面的金属桥梁，从而避免了含空气桥的电路在使用过程中，经常出现的悬浮金属"桥面"塌陷，与下方跨接导带接触而导致短路的可靠性问题。常用介质桥电路形式如图 10.6 所示。

图 10.6　薄膜工艺中的介质桥

制作介质桥的介质材料一般选择氮化硅或二氧化硅，其结构致密、均匀性好、介质性能优良，同时，它们也是与大规模硅基集成电路工艺兼容的常用材料，可以采用 LPCVD 或 PECVD 等工艺方法来实现。LPCVD 工艺制作的二氧化硅和氮化硅，膜层致密，缺陷少，是理想的绝缘膜制作工艺，但是缺点是工艺温度较高，一般在 800 ℃～900 ℃，前道溅射、电镀工序制作的金膜在这种温度下晶格结构发生变化无法耐受，此外 LPCVD 的膜层不能太厚，一般小于 2 μm。PECVD 工艺可以将沉积温度降低到 300 ℃，适合前道金层工艺。但是膜层结构相对比较粗糙，缺陷较多，厚度也只能控制在 2 微米以内。

根据电路需求特点，如需要更高的介质桥高度（大于 2 μm），也可以选用聚酰亚胺这种材料来制作介质桥。聚酰亚胺制作介质桥，一般是采用光敏聚酰亚胺树脂，利用旋涂的方式进行绝缘膜层的制作，桥的厚度可以轻易制作到 10 μm 左右。

第11章　薄膜电路常见质量问题及注意事项

在薄膜电路的制作以及应用过程中，由于人员操作不当、设备状态异常、材料缺陷、工艺参数错误、环境条件恶化或不达标甚至测试方法或仪器的错误，都会导致薄膜电路的质量出现各种问题，影响后续组装、调试和试验过程的顺利进行。最经常出现的问题包括膜层结合力（或附着力）问题、线条外观质量问题、基板变色问题、孔金属化效果差、薄膜电阻阻值异常、金层表面键合性能差、装配过程基片开裂、焊接失效等。而造成这些问题的原因，有时是单一因素，如设备临时出现故障，造成工艺状态的波动超出了正常范围，如膜层结合力变差，但更多时候却是多方面条件波动的综合影响，如薄膜电路焊接失效、装配过程基片开裂等。

本章主要归纳了薄膜电路制造和应用过程中的典型质量问题。根据电子产品研制的整个流程来看，薄膜基板的质量问题有可能发生在薄膜电路的制造过程中，也有可能发生在将薄膜电路板投入装配、调试等应用的过程中。本章的前5节是薄膜电路生产过程中的质量问题，后3节则是薄膜电路板应用过程中的质量问题。

11.1　膜层结合力问题

膜层的结合力，也称为膜层的附着力，是决定薄膜电路板应用可靠性的重要技术指标，其表征的是膜层自基板表面剥落所需要的外界施加力的大小。基板上沉积的薄膜，作为电路信号传递的重要载体，其作用十分重要。在薄膜电路行业内，厂家为了满足应用需求，同时实现金等高导电率膜层在基板上牢固附着的目的，一般不会采用单一的膜层（如金）而是采用多层复合膜层（钛-金、镍铬-金、钛钨-金、氮化钽-钛钨-金等）制作电路，以提高电路膜层与基板之间的附着力。复合膜层一般由附着层—过渡层（或阻挡层）—导电层组成。

在复合膜层的制作过程和后续清洗、组装等应用环境中，有时会由于膜层结合力不良，出现膜层起翘、开裂、局部或大面积脱落等不可靠现象，导致产品返工、报废，造成稀贵材料、人工、时间等的巨大耗费，增加制造成本。在航天科技应用或军事领域中，往往需要薄膜电路能够耐受恶劣的环境条件变化，如高量级机械振动、高低温交变、失重、超重、盐雾、湿热等，也需要更为牢固的膜层结合力来抵抗严酷的应用环境。因此，提高膜层结合力，成为电路制造方和用户共同关注的问题。

薄膜电路的膜层结合力可分为两类，一类是膜层与基板之间的结合力（又称附着力），是金属层与非金属基材之间的附着，如氮化钽与氧化铝基板间、Cr 与玻璃基板间等；另一类是各金属膜层之间的结合力，如多层膜溅射过程中附着层镍铬合金与过渡层镍、过渡层镍与导电层金之间的结合强度，又如溅射金层与后续电镀金层之间的结合强度。

总体而言，膜层与基板之间的结合力，对产品的影响最大，它是决定膜层能否牢固附着在基板上的基础。较差的附着力会导致电路线条起翘，在外力作用下脱落，对电路性能的实现造成阻碍。多层金属膜层之间的附着力，则主要影响多层复合膜之间的结合可靠性，如果膜层间的结合力较差，则会造成多层膜结构失效，在外力作用下表面金层局部脱落，或线条侧蚀，无法实现后续的焊接、键合等操作。

图 11.1 是典型的膜层附着力失效图片。可以看到，附着力失效的位置，可能是在电路图形的正面细线条处，此处附着力差导致细线条直接从基板表面上剥落；也有可能是背面大面积金属膜层覆盖的位置（微波应用中一般称为接地）附着力差导致大面积的金属膜层与基板之间脱离。但是，图形细线条附着力差与大面积膜层脱落，其内在的机理是完全不同的，有截然不同的内在影响因素。简单地说，细线条的附着力差，往往是由于线条过细，在图形制作过程中因腐蚀等操作削弱了与基板之间的附着；而基板上大面积膜层脱落，则往往是溅射过程中因溅射真空室内污染或溅射气体纯度不足，造成膜层之间附着力变差。

图 11.1　附着力差导致的膜层脱落现象

影响膜层与基板之间附着力的因素有许多种，包括基板表面状态、膜层材料、成膜条件、环境洁净度等。综合而言，影响溅射成膜附着力的主要原因有以下几方面。

1. 基板的表面过于光滑或过于粗糙

基板表面的光洁度是影响溅射膜层在其上附着的重要因素。由于进行了镜面抛光等原因，有的基板表面十分光滑，粗糙度 Ra 达到 $0.02~\mu m$ 以下。过于光滑的表面，会使得在溅射阶段，原子累积在基板表面形成连续膜层的过程中原子间或原子团之间结合不牢固，容易产生微观状态下的滑动，这也就导致了膜层的附着力较差。如表面粗糙度达到镜面抛光级别的玻璃、陶瓷片，表面的膜层附着力就不高，容易在外力的作用下脱落或起翘。相反，如果基板表面过于粗糙，基板表面存在过多微观的晶粒间的高低起伏，溅射沉积的原子往往会沉积在低谷处，导致微观的表面膜层不能完整覆盖低谷，仍然会导致膜层微观缺陷多，在基板上的附着较差。一般来说，薄膜工艺要求基板的表面状态应具备良好的一致性，每片内不同位置上的光洁度、片间的光洁度差异乃至批次间的光洁度差异都应尽可能小，并且光洁度(粗糙度)Ra 在一定范围内(具体数值按照各厂家产品的需求而定)。综上所述，基板表面太过光滑，会导致膜层与基板材料间附着面积减少，引起附着力问题；太过粗糙则会导致薄膜在基板表面的连续性受到影响。

2. 膜层材料与基板材料之间不匹配

不是所有的薄膜材料都会与基板形成良好的附着，比如将金层直接溅射到氧化铝、石英、硅等基板上，会发生严重起皮、脱落等问题。为此，一般的做法是采用附着层金属与基板相连接，然后在附着层上溅射出籽金层，再经过电镀加厚金层。附着层材料在 5.1 章节中有详细介绍。这里重点说明溅射过程中的材料控制。在溅射过程中，为减少溅射金属层的氧化，一般不能在溅射过程中间断真空室，使基板暴露在空气中，而需要保持在同一个真空环境下连续溅射成膜。例如：在 NiCr - Au 膜层的溅射过程中，在溅射完 NiCr 膜层后，打开真空室，取片后再次放入真空室，再溅射 Au 层，这时 Au 层与 NiCr 层很容易剥离，原因是 NiCr 在空气中发生了氧化，氧化层与 Au 层直接连接，结合力较差。又如，在一个溅射设备上完成 TaN 膜层的溅射，然后再取片，放入另一个溅射台进行 TiW - Ni - Au 膜层的溅射，虽然 TaN 膜层稳定性非常好，但是在空气中也会缓慢氧化，TaN 与 TiW 之间也容易发生结合力问题，但如果在溅射 TiW - Ni - Au 膜层前，通过在同一个真空环境中进行等离子轰击 TaN 膜层，这样就会较好地解决该问题。

3. 基板表面洁净度不好

基板表面的洁净度会严重影响电路的附着力。不够清洁的基板表面会存在肉眼不可见的油脂、固体颗粒、纤维等污染物，阻碍了溅射膜层与基板的紧密结合，直接影响到溅射原子或原子团在基板上的沉积可靠性。一般情况下，陶瓷灯基板的存储环境一般都暴露在空气中，基板表面会因为空气中的灰尘、水汽、纤维、毛发、微观固体颗粒、有机污染等，造成基板表面整体或局部存在氧化物等微观污染，如不采用有效的清洗技术清除干净，就会影响到所沉积膜层的附着力。因此要求溅射前充分清洗基板，去除基板表面存在的油脂、氧化物、固体颗粒等物质。具体清洗原则见 4.3 章节。

4. 真空室洁净度不好

真空室的洁净度，会直接影响到溅射成膜的质量以及溅射台本身抽真空的能力，也可能使膜层的整体附着力下降，但一般表现不是非常明显。实践证明，真空室内由于多次溅射，会在许多部位沉积或飞溅一些金属碎屑，随着溅射批次的增加，沉积的金属膜层不断加厚，内部应力也在增加。应力增大到一定程度后，会出现碎屑起翘或脱落的情况。如果存在较多氧化层、金属碎屑或微观颗粒，就会造成溅射膜层整体比较疏松，膜层附着性能也随之下降。其内在机理应是这些金属碎屑或颗粒在溅射过程的等离子体重参与放电，掺杂到溅射膜层中，造成溅射膜层的纯度下降或缺陷增加。这一问题可以通过定期清理真空室内基片架、真空室侧壁、底腔、挡板等位置上沉积或飞溅的金属碎屑得到较好的解决。需要注意的一点是，对真空室清理完成后，不能立即用于正式生产，因为此时基片架、真空室侧壁、挡板、靶托等位置新清理完成，有一层薄薄的微小颗粒，一旦溅射，将直接混入溅射膜层中，造成膜层针孔的显著增加。而随后继续溅射，会因为之前的溅射过程，新的金属膜层均匀、牢固地覆盖在原来的基片架、真空室侧壁、挡板、靶托等位置上，将那些颗粒"包裹"起来，也阻碍了更多颗粒的产生，溅射膜层的质量得到恢复。

5. 靶材表面的洁净度

相比真空室的清洁度，靶材表面的洁净度对于成膜质量的影响更大，如果靶材表面有较厚氧化层或者有机污染，溅射出的膜层中必然会混入一定的氧化颗粒或有机污染物，这样就存在膜层的结合力问题，严重的时候膜层颜色也会发生异常。所以日常的控制要求是，溅射台在不使用的状态下也最好进行抽真空放置，防止靶材表面的微观氧化。在溅射完毕后取片的过程中，采用氮气回填真空室，也能防止靶材、真空室壁等材料的氧化、污染。而产品溅射必须在打开挡板前，进行一定时间和功率的靶材预溅射（具体功率和时间需要通过实验来确定），将靶材表面的氧化层通过溅射去除干净，这样可以确保溅射到基板上的都是最新的、无氧化的膜层。

另外，薄膜电路膜层结构除了溅射层之外，还包括电镀层，一般情况下，其总体膜层结构如图 11.2 所示。在生产制造过程中，有时也会出现电镀层与溅射层间附着力不好的情况。如果镀金层与籽金层（溅射金层）间结合不好，用刀片挑刮膜层时，容易发生起皮、剥离等现象，漏出籽金层(溅射金层)。结合力严重不良时，在镀金完毕后，就能直接观察到膜层起皮、起泡，如图 11.3 所示。

图 11.2　镀层与籽金层的示意图

图 11.3　镀金层起泡

影响电镀层与溅射层之间结合力的因素主要有：

（1）镀层前对底层金属的清洁不彻底，存在局部的油脂或颗粒；

（2）电镀液状态不佳，镀液中杂质较多；

（3）电镀时电流密度等参数不当，如电流密度过大造成镀层应力过大，镀层与溅射层之间结合不紧密；

（4）溅射层表面状态不良，如金层表面在溅射过程中混入杂质或颗粒粗糙。

薄膜电路电镀金前，必须保证沉积在基片上的籽金层足够干净。图 11.2 是基于籽金层上镀金层的示意图。如果籽金层上有较多污染物，电镀金时，这些污染物就有可能进入镀液，造成污染，也有可能被镀层覆盖，造成镀层与籽金层的结合力问题。镀液状态不好会使镀层中夹杂微观杂质，导致镀层的外观质量差，如镀层粗糙、有色斑、局部微观缺陷甚至是镀层与籽晶层的结合力出现问题。电镀的电流密度范围与电镀体系、金盐含量、被镀件的面积等都有关系，这些已经在第 7 章中详细讲述，例如在金含量较低的情况下还要选择大电流电镀，就容易导致电镀的"边缘效应"(也有称"浴盆效应")非常严重，图形边角的镀速明显高于图形中部，同时会导致边缘膜层剥离。理论上认为，刚刚溅射完成，从真空室内取出的的溅射籽金层是比较干净的，籽金层上没有过多水汽、灰尘、油脂颗粒的堆积，无需进行过多处理即可进行表面镀金。但是如果溅射金层经历了高温过程，因扩散加快，籽金层表面已经有较多的底层金属，如 Ni 等，就可能会导致籽金层的纯度下降，导电性下降，甚至电镀后膜层结合力差的问题。

检测膜层结合力的方法大多具有破坏性，一般仅做抽检。主要的检测方法如表 11.1 所列。

表 11.1　测试方法与适用情况说明

序号	测试方法	适用情况说明
1	胶带粘拉法	适用于溅射膜层、电镀膜层的结合力定性检验
2	刀片挑刮法	适用于电镀膜层的结合力定性检验
3	胶粘拉力测量法	适用于溅射膜层、电镀膜层的结合力定量检验
4	焊环拉力测量法	适用于电镀膜层的结合力定量检验
5	热震法	适用于溅射膜层、电镀膜层的结合力定性检验

（1）胶带粘拉法：按照"GJB1209—91《微电路生产线认证用试验方法和程序》中方法 4500 金属化层附着强度的测试方法"，即将 3M 250♯胶带贴在镀金层表面保持 3 分钟，然后拿住胶带的悬空端使之与样片成 60°～90°角，迅速将胶带从镀金层表面剥下，在 40 倍显微镜下观察镀金层表面状况。

（2）刀片挑刮法：适用于定性判断电镀膜层的结合力情况，该方法被绝大多数薄膜电路生产线广泛使用，在显微镜下，通过用刀片以一定的倾斜角挑刮线条的边缘，来感觉和判断膜层的结合力状况。

（3）胶粘拉力测量法：适用于压焊膜系或者溅射膜层的结合力定量测量。采用规定的版图制作的含有测试点电路图样，用较大黏附力的胶将测试拉环或者测试棒精确地粘接到电路图样中，固化，并用专用仪器进行拉力测试，考察膜层的附着情况。在拉力测试过程中，如果胶粘面断开，则认为膜层的附着力应大于等于该测试值。之所以胶粘层脱开而不是膜层与基板之间脱落，其原因可能是胶粘的质量问题或者是测试拉环或测试棒与基板的垂直度不够，有横向剪切力作用于胶体自身，减弱了其自身强度所致。

（4）焊环拉力测量法：适用于耐焊膜系的膜层结合力定量测试。可制作出 1 mm×1 mm 的方形测试点，用镀银丝做成拉环，将一端用焊料焊接到测试点上，另一端做成特定形式，便于施加力量，固定在剪切力测试仪上进行垂直拉力的测试。如图 11.4 所示。

图 11.4　焊环拉力测试

（5）热震法：此法为定性考核。具体做法为：

① 将试验样件放入热台中加热至 $350\,℃\pm10\,℃$，达到温度后保温 20 分钟；

② 自恒温箱中取出试样，迅速投入冷水箱中；

③ 取出试验样片，以目视法检查试样镀覆层是否有气泡、起皮、剥落、断裂等现象；

④ 反复试验三次。

对于宇航级产品使用的薄膜基板电路，一般采用如下判定准则：

（1）经过胶带粘拉法检验的合格膜层，应不出现膜层从基板底层脱落或起皮现象。

（2）经过刀片挑刮法检验的合格膜层，应不出现膜层从基板底层脱落现象或镀金层与溅射层剥离现象。

（3）胶粘拉力测试，合格膜层拉力应大于：$11.4\,\mathrm{kg}$（$\phi2.7\,\mathrm{mm}$ 的测试面积）。

（4）合格膜层焊环拉力应大于 $2\,\mathrm{kg/mm^2}$。

（5）热震试验后的样片膜层不起泡、不起皮、不脱落，则判定为合格。

11.2　光刻线条不整齐

光刻线条边缘不整齐，是薄膜电路加工的常见问题之一。正如第 6 章所描述的光刻是图形转移的关键工序。光刻的过程就是将掩膜板上的图形 100% 无失真地先转移到光刻胶上，然后再将光刻胶上的图形无失真地转移到基板上。这个过程会使用多种化学药品，并且有许多人工操作，对于环境的要求也比较高，因此影响光刻后线条的因素比较多。

正常条件下光刻出的线条边缘，即使在 40 倍放大的显微镜下观察，也应该是光滑整齐的。但如果操作、材料、工艺、环境等方面的因素发生波动，就可能会发生图形边缘不整齐、侧向腐蚀严重的现象。图 11.5 是良好的光刻后线条和发生严重钻蚀的光刻线条的对比照片。

(a) 光刻线条良好

(b) 发生严重钻蚀的光刻线条

图 11.5　光刻线条质量对比

从故障机理来说，光刻后线条的不整齐，主要是光刻胶与膜层之间的附着减弱，导致整体或部分膜层腐蚀液被侧向腐蚀，造成线条边缘不整齐。引起光刻线条不整齐的原因很多，主要有以下几类。

1. 掩膜板问题

掩膜板是光刻过程中的重要工具之一，在激光直写技术出现之前，半导体生产的图形转移都要依靠高精度的掩膜板。即使在激光直写设备已经商业化的今天，掩膜板仍然是低成本、高效率、批量光刻生产所必需的加工辅助工具。

掩膜板上的图形是光刻过程中图形转移的源头。在传统的有掩膜光刻流程中，光刻的曝光环节会使用到掩膜板，涂覆了光刻胶的基片与掩膜板接触，通过曝光、显影，将掩膜板上的图形转移到光刻胶上。如果掩膜板上存在某个图形线条边缘不整齐，某部位存在针孔或小岛等缺陷，透光区域与不透光区域分界不明显等问题，会直接将这些缺陷问题转移到光刻胶上，进而转移到基板上，使加工出的电路图形发生光刻问题。

要避免掩膜板上的缺陷影响光刻线条的质量，要从如下几方面入手解决：

（1）使用掩膜板前，应在显微镜下进行仔细复检（显微镜放大倍数视电路的最细线条而定，以能清晰判别线条图样为准），确认版上图形细节的完好性。掩膜板在反复与光刻胶接触及取放的过程中，有可能会产生局部图形线条缺陷。如果掩膜板上存在不可接受的缺陷，并影响到继续使用，应将其作废，清除出生产现场，再重新加工一块新掩膜板投入使用。相比金属铬板，乳胶干板表面的感光乳胶膜更易因摩擦而脱落或造成划痕损伤。

（2）如果采用乳胶板，乳胶掩膜板上的线条缺陷可采用修板的方式，用墨汁修补缺陷处，直至掩膜板上线条满足检验要求。

（3）显影图形修补。如果显影后的图形线条上存在少量缺陷，可以在曝光显影后，用小毛笔蘸少许光刻胶手工点涂，进行局部图形的点胶保护。

2. 曝光、显影不充分

6.2 章节讲述了接触式曝光和非接触式曝光的区别。相比非接触式曝光，接触式曝光可以获得最佳的图形转移精度、最小的图形失真度和更光滑整齐的图形边缘，但是曝光时如果基片上有微小的污染物，导致基片与掩膜板间存在微小障碍或间隙，掩膜板与基片不能保持平行，或者掩膜板与基片间夹杂空气等，这些现象都会导致曝光后光刻胶上的图形与掩膜板上的图形有微观差异，并可能导致最终的光刻线条不整齐。

曝光不充分的情况，往往是由于基片上涂覆的光刻胶过厚，或曝光参数不适当。除了这两个直接原因以外，还有一个原因，就是光刻机的汞灯使用时间过长，光密度下降，所以同样的时间里，曝光强度低于正常值，导致曝光不充分。

光刻胶经过曝光后，其感光部分和未感光部分就形成了逻辑划分，显影过程其实就是将光刻胶上需要保护的电路部分留下来，将不需要的部分溶解掉的过程。显影过程需要经过多次的显影液、清洗液作用，目的是为了保证需腐蚀掉的地方没有任何光刻胶残留，需保护部分的光刻胶保持完好。显影过程不够充分，易导致应去除掉光刻胶部分有胶粒残留，这些胶粒在腐蚀过程中会阻挡腐蚀液，导致腐蚀不充分，使最终光刻出的线条存在过渡区，有时表现为边缘的凹凸不平。

要解决曝光和显影不充分的问题，应针对原因采取相应的措施。例如，如果测量后确认是光刻胶涂覆厚度过厚，可以调整涂覆参数；如果是曝光时间不足，可以适当增加曝光时间；如果是汞灯的光密度不足，则需要更换一只汞灯。对于显影不充分问题，一方面要完善显影参数，如增加显影时间或次数，或者更换显影液和清洗液等，确保显影彻底、干净。另一方面，还可以采用等离子去胶机或等离子清洗机，在腐蚀前处理一次，去除显影后的残余胶粒。

3. 光刻胶与膜层之间黏附力问题

光刻胶由感光树脂、增感剂和溶剂等成分组成，一般会有一定的黏度指标，如 100CP、150CP、300CP 等。匀胶过程应该使光刻胶与基板上事先沉积的膜层形成良好的"接触"，而光刻胶的状态或者环境的湿度都会影响到这种"接触"的紧密性。如果这种接触不紧密也就是附着不牢，就会导致光刻胶与膜层之间存在微观的阻隔，这样光刻胶没有彻底地与膜层结合，导致光刻胶的保护能力下降，在腐蚀过程中，局部的腐蚀液透过光刻胶层腐蚀到了下面应被保护的膜层，影响到最终的光刻线条质量。

要解决这一问题有很多解决途径，如严格控制涂胶的小环境，确保温度、湿度满足匀胶的要求，也可以考虑涂胶前在基片上旋涂一次 HMDS，来将亲水性的表面改变为憎水性，增加光刻胶与膜层之间的附着，还可以优化一下光刻胶的前烘与坚膜的工艺条件。

4. 过度腐蚀导致的图形钻蚀

过度腐蚀，顾名思义，就是超出的工艺所规定的正常腐蚀时间，使电路片经历相对较长时间的腐蚀过程。薄膜工艺中，对于难以腐蚀的材料，为了避免出现欠腐蚀即腐蚀不足的现象，如图 11.6(a)所示，一般都会使被腐蚀膜层在腐蚀液中停留略超出理论时间，这样才能保证特定位置需要去除的膜层被完全腐蚀干净，如图 11.6(b)所示。例如，理论上 TiW 的腐蚀时间是 98 秒，但是在整面图形上，由于基片自身微观状态的差异和溅射工艺的原因，会导致膜层的厚度、颗粒、致密程度等不完全一致，为了保证整面电路图形在一次腐蚀

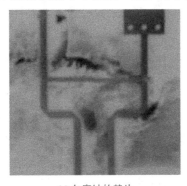

(a) 欠腐蚀的基片

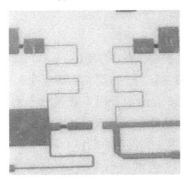

(b) 腐蚀良好的基片

图 11.6　光刻腐蚀状态对比

操作中都能腐蚀干净，经过实验，可以将 TiW 的实际腐蚀时间调整为 110 秒，结果证明这一参数的调整是合理的，这是为了保证整个基片表面的 TiW 膜层都被腐蚀干净的一个相对保险的参数。

在传统工艺中，湿法腐蚀基本上是各向同性的过程，所以在 Z 方向腐蚀掉薄膜的同时，在 X、Y 方向也存在几乎相同效果的腐蚀，这种腐蚀客观存在，一般称为侧向腐蚀。对于陶瓷基板上的薄膜电路而言，常用微带线条宽度一般在 20 μm 以上，所以少于一两微米的侧向腐蚀是正常的，不足以使线条发生明显变形。

这里所说的过腐蚀是指，太长时间的腐蚀，导致侧向腐蚀过于严重，使边缘形变，或腐蚀液透过光刻胶腐蚀到其下方的膜层。导致这种钻蚀现象发生的原因，除了在腐蚀液中停留时间过长外，还有一种主要原因就是光刻胶自身的问题。通常是由于光刻胶的坚膜过程中，工艺参数使用不当，导致光刻胶没有完全干透或者胶面上有气泡等问题，这样的胶膜在后续腐蚀时，其保护能力或者局部保护能力非常弱，易于发生钻蚀现象。

解决图形的过度腐蚀引起的钻蚀问题，需要加强工艺纪律，严格控制腐蚀的工艺时间，同时，要采取措施确认腐蚀前光刻胶表面状态是否满足条件，否则需要去除胶后重新旋涂。

11.3　光刻后基片变色问题

传统薄膜的光刻过程为湿法工艺，要经历清洗、匀胶、曝光、显影、坚膜、腐蚀等过程，在这些过程中，陶瓷基片会经历清洗液、有机溶剂、腐蚀液等溶液的浸泡与冲洗。一般情况下，合格的陶瓷基片由于自身化学性质的稳定，是可以耐受这些制作过程中的污染的，在丙酮或者乙醇等溶液中清洗后，会恢复原本的颜色。但是在某些情况下，基片还是会出现变色现象，这种变色会影响到电路的外观质量。影响到光刻后基片变色问题的原因主要有以下几种。

1. 基片本身问题

由于陶瓷基片生产厂家、批次、状态、过程的不同，可能会导致陶瓷片在晶粒大小、缺陷多少、致密度方面存在一定的差异。这种差异也有程度上的差别，主要表现为：经过常规工艺后，致密度较小的基片，表面会由于吸附了某些化学物质而在表面显现出不均匀的颜色。通常用染色性来标识基片的这种内在特性，其本质上是指基片在薄膜工艺过程中抗拒高温、真空、酸碱、有机物的能力，染色性差的基片在具体的工艺过程中易于变色、发花。

要避免薄膜工艺执行过程中基片的变色，首先应通过大量实验数据来确认所采购的基片各方面状态与薄膜工艺所使用的清洗液、显影液、腐蚀液、光刻胶、去胶液等各种化学溶液是兼容的。如果基片与当前的溶液体系不兼容，则需要更换基片厂家或更改溶液体系。其次，应减少光刻过程中的返工次数。返工次数越多，则基片接触化学溶液次数越多，对基片表面状态的破坏也就越严重。特别是氢氟酸，溶液腐蚀陶瓷基板次数多，会造成陶瓷基板表面的粗糙度明显增加。

2. 基片致密度在制作过程中的破坏

一般来说基片应该是均匀、致密的，可以耐受酸碱有机物一定时间和次数的浸泡。但是在一些情况下，某种腐蚀液会导致基板表面被破坏，如氧化铝基片表面在氢氟酸中会被破坏，氮化铝基片表面在碱溶液中会被破坏等。基片表面被破坏之后，更容易吸附制作过程中的污染物，造成表面变色。

例如在光刻过程中，氢氟酸和硝酸混合物经常用来作为 Ta_2N 的腐蚀液，如果光刻过程第一次腐蚀时直接腐蚀完所有膜层，第二次套刻时才腐蚀出固定区域的电阻，在这种工艺方法下，基片就容易发生变色。原因是第一次光刻时，为了保证不需要的 Ta_2N 膜层部分彻底地腐蚀干净，一般会微过腐蚀，而氢氟酸和硝酸的混合物，会造成陶瓷基片的表面颗粒一定程度的破坏，在破坏后的表面上再次匀胶、曝光、显影、坚膜、腐蚀、去胶的过程中，光刻胶又会一定程度地进入基片表面造成表面变色。

11.4　金属化孔效果不好

金属化孔在薄膜电路中非常常见，已经做好孔的基片在溅射成膜过程中，孔的内壁也会被溅射上一层薄膜，形成初步的金属化。但要达到电路使用的目的，还需要电镀加厚膜层，这些初次金属化的孔内的膜层也会在整体电镀过程中随着加厚，达到最终的金属化效果。

考量薄膜电路孔金属化的效果是否良好，有两项基本判据：

(1) 金属化孔的导通电阻；

(2) 孔内壁的膜层质量。

导通电阻是可以用低电阻测试仪等多种仪器直接测量的，一般溅射完成的初次金属化孔导通电阻不应超过 $5\ \Omega$，电镀加厚的金属化孔导通电阻不应超过 $50\ m\Omega$（电镀表面膜层 $3\ \mu m \sim 5\ \mu m$ 范围内测试）。如果溅射的初次金属化孔膜层的导通电阻超过 $5\ \Omega$，则在后续的电镀过程中，因其导电性等原因会导致这些孔内难以镀上金；如果电镀后的金属化孔导通电阻超过 $50\ m\Omega$，其镀层在孔内的连续性将会出现问题。

造成金属化孔效果不好的原因有以下几种。

1. 打孔效果不好

薄膜电路常用的氧化铝基板，往往会采用激光打孔或者机械钻孔来实现通孔的制作，理想的孔内壁效果要求孔内壁光洁度和其他状态与基板表面类似，但实际上很难达到这种

效果。机械钻孔可以获得良好的孔内壁效果，但是容易在孔周边形成崩瓷现象，如图 11.7
所示，导致其他质量问题；激光打孔近几年来被广泛应用，其中比较常用的是二氧化碳激
光器，通常使用这种激光器在三氧化二铝基板上进行打孔、切割等应用，这种加工方式具
有效率高的优点，但难以获得较好的孔内壁状态，孔内壁的毛刺、激光熔融物较多，对后续
金属化效果会造成影响，二氧化碳激光打孔后沉积薄膜如图 11.8 所示。但在陶瓷基板打孔
方面，二氧化碳激光器仍是最主流的激光器，只是工艺参数范围较为窄，需要对功率、占空
比、同轴气流等参数进行调节，可以打出质量较高的孔。

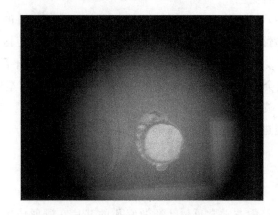

图 11.7　机械钻孔后的崩瓷现象

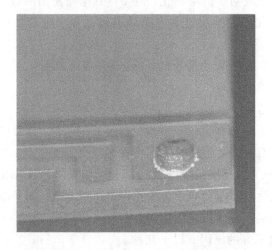

图 11.8　二氧化碳打孔的内壁效果

　　激光打孔易于在孔内壁形成熔融物的重铸层，该重铸层易于导致成膜附着力差的问
题。这种现象在二氧化碳激光、紫外激光等多种激光加工情况下均存在，超声清洗可以一

定程度地去除这种重铸层，但是其能力有限，使用物理磨孔、酸洗等方式可以有效地将这层重铸层去掉。

2. 孔的径深比过于低

溅射过程是具有一定的方向性的，基片表面的溅射效果最佳，孔内侧壁的溅射厚度与附着性则略差，并且从基片正对溅射靶材的面到另一面形成的贯穿性通孔，其覆盖的溅射金属层从上到下（如图 11.9 所示）越来越薄，这是溅射工艺的能力所限。如果孔径较小、或者基片较厚，会导致溅射的膜层不能到达通孔的下方，严重时甚至不能到达孔壁的中部位置，即使将基片反过来再进行溅射，也会造成接地孔内壁金属化层不连续。

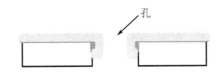

图 11.9　有孔基片溅射示意

因此，在设计接地通孔时，必须根据溅射工艺的特点，确定适当的径深比（孔直径：通孔深度）。根据长期实践经验，一般要求孔的径深比不低于 0.8，才可以保证较为可靠、高质量的金属化效果。

3. 镀液的深镀能力

在初次金属化完成的成膜基片上进行电镀加厚金层时，由于孔内壁已覆盖有金层，理论上通电的地方都会被镀上金层，镀金层良好的导电性会使得孔电阻较小。但是，当镀液深镀能力不足时，仅能在正对电极方向的表面形成良好镀层，在垂直于电极方向的孔内壁深处难以形成连续致密的镀层，孔内壁只有薄薄的一层溅射金层作为导电层，孔电阻自然较大。也就是说，镀液的深镀能力不足，会造成孔金属化效果不好，不能满足电路应用需求。

镀液的深镀能力，又称为镀液的覆盖能力，它反映出的是在特定条件下在深凹槽或深孔中沉积金属镀层的能力，也能表征镀层在工件表面上分布的完整程度。镀液的覆盖能力越高，则电路基板上的小孔内壁就被镀得越深。反之，镀液的覆盖能力不足，电路基板上的小孔内就无法覆盖上完整的镀层。影响镀液覆盖能力的因素包括镀液的极化度、极限电流密度/临界电流密度的值、基体金属的种类或特性。

此处需要明确，镀液的覆盖能力与分散能力是两个不同的概念。分散能力是说明镀液能使镀层在工件表面上均匀分布的能力。覆盖能力只体现镀液能否在工件的深凹部位上沉积上金属，不考虑各处镀层厚度是否均匀一致。所以，分散能力强的镀液，其覆盖能力必然好，而覆盖能力好的镀液，其分散能力不一定好。

4. 电镀时孔内镀液浓度下降

镀金液整体的金含量会随着不断的电镀生产而下降，所以需要补充金盐到镀液中去，但是在电镀带孔基片时，由于孔内会束缚一些镀液，随着电镀的进行，孔内逐渐镀上了金层。如果孔内的溶液与镀槽内的其他溶液流通性良好，则孔内会持续镀上金层，如果孔内的镀液被孔的本身结构或气泡所束缚，不能有效地流通，则该部分的镀液浓度下降即金含量会迅速降低，导致虽然表面上电镀还在进行，但是孔内壁已经基本镀不上金了，造成孔内壁金属化不良，如图 11.10 所示，也就是上下两边的金层没有"握手"，导致在孔中央存在一个未镀上金的区域。

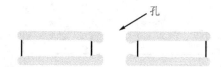

图 11.10　孔内壁没有镀上金的情况

这种现象其实在薄膜电路电镀金过程中非常普遍。如果在电镀金时，设定的基片挂架摆动方向与孔的方向一致，则有利于孔内镀液的往复流动；如果挂架摆动方向与孔的方向垂直（如图 11.11 所示），则不利于孔内镀液的流动。为了兼顾孔内镀液的流动性和确保作为阴极的工件有足够的面积面对阳极，需要将基片在挂架上转动一定角度（这个角度需要通过实验来确定），这样有利于孔内溶液的流动。也可以在电镀进行过程中，每隔一定时间采用特殊方法将孔内的溶液进行置换，也可以解决该问题。

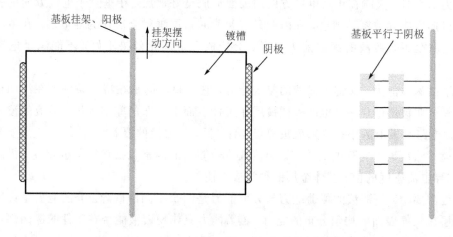

图 11.11　薄膜电路电镀加厚金层的镀槽图示

11.5　薄膜电阻值异常

薄膜电阻是在溅射过程中,设定一定的工艺参数在基板上沉积电阻膜层而形成的。溅射完成的每批产品,其膜层厚度是确定的,所以其方块电阻也已经确定下来(薄膜电阻的内容请参考第 8 章)。良好的薄膜生产线生产的每一批方块电阻值应该具有好的一致性,但有时在实际生产过程中,也会出现某一批产品的方块电阻值突然变大,偏离常规工艺状态的现象。究其原因,薄膜电阻膜层的厚度、电阻膜层材料、电阻的光刻质量等都会影响方块电阻值的变化。除去光刻质量的影响外,主要是溅射过程出了问题。在溅射过程中,要求每一批次成膜的状态非常一致才能保证方块电阻的一致性,如果在溅射电阻膜层时,出现实际溅射时间把控失误、腔室在溅射过程中的气压不稳定、溅射反应气体流量不当、预溅射时间不足等现象,都可能导致薄膜电阻值异常。

一般说来,溅射时间、溅射过程中的气压、气体流量等参数非常直观,可以直接读取,仅需控制其稳定性即可,这里不再赘述。若薄膜电路生产线发生方块电阻批次间突然变化,主要可能有以下几点原因:

(1) 溅射靶材存在严重氧化,且预溅射时间不够;

(2) 溅射过程中的气体纯度不够,导致电阻膜层形成时存在氧化现象;

(3) 溅射真空室有漏气现象,影响溅射气氛的纯净程度;

(4) 溅射台挡板未完全"打开"。每种膜层开始正式溅射时,原先关闭的挡板会自动打开并保持一定时间,让溅射的膜层落到基板上。如果溅射程序运行时,挡板未能按照程序指令准时打开或提前、推迟关闭,都会造成实际落在基板上的膜层厚度发生异常,导致电阻的方块电阻变化。

要解决上述几方面的问题,需要对溅射台做整体的检查和维护。溅射台在使用过程中以及待机状态下,一般要求真空腔室处于真空状态。其原因在于,如果溅射台腔室长时间处于大气环境,则其腔室内部、靶材表面易于被氧化,氧化程度较深时,在预先设定的预溅射时间内,靶材表面的氧化层没有被辉光彻底清洁干净,会导致部分氧化层被溅射到产品上,进而发生方块电阻批次间的差异。

定期清理真空腔室是溅射工序中常见的操作,但是清理完毕后,需要用酒精等清洗剂擦洗内表面,并且在下一次使用时,加温(100 摄氏度以上)并长时间烘烤真空腔室,方可保证真空腔室内部完全清洗干净。由于清理真空腔室时,会使靶材长时间暴露于大气中,靶材表面易于被氧化,所以在清理完真空室后,第一次溅射前应加长预溅射时间。如不进行上述措施,很难保证真空腔室在溅射过程中的正常状态。

一般来说,电阻层的溅射往往需要反应气体,比如 TaN 膜层的溅射,采用的是纯 Ta

靶材，在溅射时腔室中通入一定流量的氮气，通过反应溅射模式，生成 TaN 的分子，使得溅射到产品上的膜层为 TaN。这个过程中氮气分压很小（仅有 3‰左右），如果氮气管路中参入少量空气，会导致反应溅射过程中有 TaN＋Ta_2O_5 形成，进而使方块电阻发生批次变化。

气体管路发生问题一般都是比较微量的，主要发生在接头部位或管路本身。假定氮气源是干净无污染的，接头部位也是好的（因为这两项非常容易确认其状态），管路就是最容易出问题的地方。比如采用塑料软管作为溅射气体的连接管路时，若长时间不工作，管路中易通过渗透混入一定量的空气，就需要在溅射前延长预通气时间。当然，采用不锈钢管路会较好地解决这一问题，但是每次溅射前也需要进行预通气，才能保证溅射过程中的气体纯度。

预溅射完成后才会打开挡板进行正式溅射，此时要求靶面完全露出来。但是如果出现设备故障，或者设置问题，有可能会导致挡板未打开或者未完全打开，此时，电阻层的厚度就会低于预计的厚度，导致薄膜电阻的方块阻值升高。

11.6　薄膜镀金层压接(键合)质量差

组装过程时常采用金丝、金带或者铝丝在薄膜电路表面通过超声波压焊设备或者点焊设备完成元器件的装配及片间的键合互连，在这个过程中，需要形成良好、可靠的压接面（即键合面）。在 GJB548B 方法 2011.1 中，详细规定了不同直径金丝、铝丝、金带的压接强度要求，这些要求都是质量方面相对准入性的要求，膜层附着良好的薄膜电路的压接强度实测数据远高于该指标，比如 25 μm 直径的金丝压接，常规实测楔焊拉力数值超过 7g，远高于标准中要求的 3g；再如 500 μm×25 μm 金带压接后实际拉力值一般在 100g 以上，远超标准要求的 35g。

因为在薄膜电路常规工艺下，膜层表面本身就是金层，金自身具有良好的导热性与延展性，在金层上键合金丝或金带，这给薄膜电路表面金丝、金带的压接提供了一种良好的工艺兼容性。但是，即使是在金层上实施键合工艺，也因为微观键合过程的关键特性，需要在一定的工艺参数范围内才可以形成良好的压接效果，如压接过程中的超声功率、压力、温度等参数，薄膜电路膜层的硬度、厚度等。

其中，膜层硬度是影响压接质量的一个重要因素。制作出的薄膜电路在装配阶段压接效果不好就是硬度不合适引起的。薄膜电路中一般采用高纯度金膜层，要求努氏硬度不低于 90，这样的金镀层才能满足薄膜电路微带线的质量要求以及金丝带键合的需求。但是，怎样才能控制镀金层的硬度不超标呢？在镀液体系已经确定的前提下，硬度超标往往是由于金层纯度不够导致，造成金属纯度不够的原因主要是镀液的状态，还有膜层间的相互扩散。镀液中杂质含量较高，或者电镀过程中 pH 值等参数控制不当均会引起镀层硬度超标，因此薄膜电路电镀金环节需要严格控制这些参数，如果发生镀层硬度超标，应在这些参数环节查找原因，并通过镀液成分分析和电镀过程参数的监控与追溯，来达到严格控制电镀金状态的目的。薄膜电路一般是溅射复合膜层，如 TiW - Au、NiCr - Au 等，在高温下膜层之间会发生扩散，比如 NiCr - Au 膜层在 300 ℃ 以上时扩散非常明显，会有少量 NiCr 层扩散到金层表面，导致金层表面的纯度降低，压焊效果下降。遇到这类情况，应尽量避免薄膜电路长期处于极限温度下，并在压焊前及时、彻底地清理膜层表面。

膜层厚度也是影响压接质量的另一个重要原因。太薄的膜层会导致键合能量直接穿透金层，直接作用到金层下方的延展性较差的附着层，影响压接后压接点的拉脱强度和可靠性。例如在 0.2 μm 左右的金层上也能压接金丝，但是其压接拉脱力非常小，基本不能使用。根据相关标准和经验确定，用于压接的镀金层厚度不应低于 1.27 μm。

还有一种情况，表现为在溅射金层表面键合金丝或金带时，出现溅射金层的局部在键合能量的作用下出现膜层脱落，露出下面的镍铬或钛钨合金层，导致键合难以进行。经过现场调查和分析，确定是溅射金层中含有较多微观杂质颗粒，其来源主要是反应气体氩气的自身纯度不足，或者是氩气传输管道中混入了杂质气体。如果是氩气纯度不足，最直接的解决方法就是换新的氩气；如果是氩气传输管道中混入了杂质气体，可以采用真空室内预充氩气再抽出的方法，达到"就地提纯"的效果。

11.7　装配环节基片开裂

薄膜电路产品需要进行组装过程才能完成其目标功能。在装配环节中，薄膜电路产品的应用性也是非常重要的，由于薄膜电路基板材料往往会选择刚性比较好的高稳定材料（如陶瓷），这些表面带有电路的基材需要装配到电子设备的盒体上，往往还要在基板的表面装配相应的元器件。这就要求基材在装配过程中要适应各种条件，不能发生开裂等问题，具有一定的可靠性。若不考虑薄膜电路制作过程产生的开裂现象，仅考虑装配过程中的情况，导致基板开裂问题的原因有如下几种。

1. 薄膜电路基片外形结构问题

薄膜电路基片结构是否足够可靠，是影响组装过程中基片开裂的重要原因之一。如果基片非常细长，自身的结构强度就不高，会导致基片在装配过程中甚至是应用过程中，受到外界应力作用后发生开裂现象，使电路失效。很少有标准能够严格规定这些基板结构尺寸的临界状态，这与装配面的平整度、装配过程、装配结构件的强度和温度系数等都有很大关系，是一个系统影响的结果。MIL - STD - 883E 中有规定，要求陶瓷电路基片的长宽比不能超过 4：1。但经过试验验证，认为 2 mm 左右厚度的殷钢、硅铝或者 10 号钢等材料作为机壳或者载体时，陶瓷基片外形尺寸不超出 6：1 的比例就可以获得比较优良的可靠性。

　　基片的外形如果有内直角情况，也容易造成基片开裂。这是因为含有内直角的基片，在组装过程中，结构件带给基片材料的各种应力，会在内直角处得到最大程度的累积，使得该部位容易出现开裂现象。图 11.12 是某产品在装配后发生开裂故障的局部放大照片，通过力学分析发现内直角部位的应力集中非常明显，如图 11.13 所示。而图 11.14 在基片的内直角部位进行了圆弧过渡，会很大程度地减小应力集中，使得本应集中于内直角上的应力分布在圆周上，会大幅度提升装配过程中的可靠性。

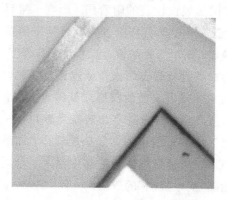

图 11.12　薄膜陶瓷电路片内直角处裂纹

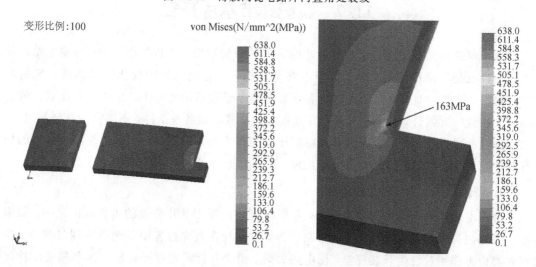

图 11.13　基片应力、局部应力云图

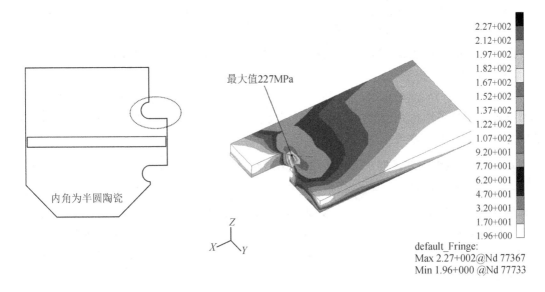

图 11.14　基片内直角改为圆弧过渡后的应力云图

例如常用的 99％氧化铝瓷强度一般为 500 MPa 左右，实际使用时由于热处理、表面打孔等加工的影响使得基板强度有所下降，将带有内直角的基片和带有圆弧过渡的基片装入可阀机壳中，机壳底部厚度约 1.5 mm，理论分析认为在内直角部位将会受到 350 MPa 以上的应力，会使瓷片发生开裂。而进行了半径为 0.5 mm 的圆弧内倒角，会使此处应力降低为 220 MPa 左右，试验结果也显示，内直角的产品在装配好后，应用过程中发生了开裂，而具有圆弧过渡的产品状态良好。

除了基片本身的结构特征外，导致基片发生开裂现象的原因还很多，比如图 11.15 所示的基板装配示意图，基板装入机壳时底部不平整产生的形变应力以及温循中各材料之间热膨胀不匹配产生的应力也是导致裂纹形成的重要原因。

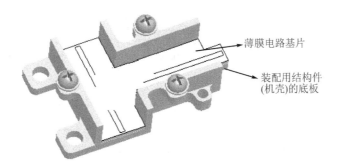

图 11.15　薄膜电路装配件示意图

　　焊接过程采用的焊料薄厚会影响机壳等结构件与基板材料的热匹配应力的传递程度。比如用较薄的焊料焊接，会使得焊接层非常薄，由于热失配的应力会少量地被焊接层所吸收，大部分都集中到基板和装配结构件的底面上，造成结构面的弯曲或者基片的开裂，所以较厚的焊料在一定程度上可以释放部分应力。不同焊料具有不同的焊接温度，如Sn63Pb37 的焊接温度约为 205℃，Au80Sn20 的焊接温度约为 320℃，具有更高焊接温度的焊料会使装配过程中薄膜电路基片和装配底板之间承受更高的温度变化，如果两种材料的热膨胀匹配不好会导致基片开裂。

2. 与金属载体的连接方式及材料间的热匹配性

　　一般要求装配用机壳或者载体的膨胀系数要接近基板材料。例如，我们常用的 99％氧化铝陶瓷基板的膨胀系数为 7 左右，如果焊接到铝材质的机壳上，在焊接温度应力下，由于铝与陶瓷基材之间的热膨胀系数差异较大，很容易使机壳产生形变，形变的铝机壳又反作用于陶瓷基板本身，易于造成基板断裂。常见金属结构件材料和薄膜基板材料的热膨胀系数如表 11.2 所示。

表 11.2　常见材料的热膨胀系数（常温）

材　料	热膨胀系数 $\alpha/(10^{-6}/K)$	材　料	热膨胀系数 $\alpha/(10^{-6}/K)$
铝	23.3	锡	26.7
钢	13	黄铜	18.4
不锈钢	14.4～16	金	14.2
银	19.5	锰	23
殷钢	1.72	石墨/石墨板	2/5.5
Kovar	0～5	氧化铝陶瓷（99％）	6.7
钛	10.8	石英	0.51
铅	29.3	钻石	1.3
铬	6.2	玻璃（工业级）	4.5
镍	13	氮化铝基板	3.5～4.2
钨	4.5	氧化铍基板	6.8
铜	17.5		

　　热失配导致薄膜电路基板在装配环节产生裂纹是最常见的一类故障现象。最为彻底的解决方案就是合理选用膨胀系数接近于陶瓷基板的材料进行装配，但是在系统应用中往往不会如此理想。常用的解决方案主要有以下几种：

（1）将较大尺寸的薄膜电路板分割为较小尺寸的多个电路板，然后通过组装互联的方式完成；

（2）采用温度较低的焊料进行焊接，不充分放大材料之间的热失配；

（3）采用柔韧性更好的焊料；

（4）采用更厚的焊接载体，热失配时不易形变。

3. 组装面的平整度与基片的平整度

在组装过程中，要求基板的装配面和机壳的装配面能够紧密贴合，以保证装配过程及使用过程中的可靠性，所以会给这些表面提出一定的平面度要求，基板方面一般按照 GJB548B 规定要求：装配面平整度优于 3‰。但是在实际操作中往往与基片的尺寸、结构形式以及机壳装配面的情况等有较大关系。可以通过减小异形情况、去除内直角等方面的工作有效提高装配可靠性。

装配过程中焊料厚度、焊料的柔韧性、焊接温度、焊接方法的选用也会影响到基板裂纹的产生与否。焊料越薄，要求基板和装配面之间贴合缝隙就越小，因此对于基板装配面以及载体装配面的平面度要求就越高。

多个基板在同一载体上装配时，还应注意在基板之间要留出安全空隙，防止系统在冷热交变或者微小形变时，基板之间相互作用产生裂纹。

4. 激光切割过程中导致的基片强度局部下降

以三氧化二铝为例，激光加工原理在第 9 章已有详细描述，其加工过程都是依靠激光的能量作用于陶瓷，这个过程或多或少都会对三氧化二铝陶瓷造成局部损伤。因此，激光参数的选择应该是在能够完成合格加工质量的前提下，尽可能地选择低能量参数。业内有一种误区，认为紫外激光等"冷加工"方式可以有效减少对基板局部的强度影响，但试验证明，紫外激光或者皮秒紫外激光等在功率控制不合理时一样会导致基板局部强度下降，甚至产生裂纹。采用波长较短的激光进行加工，仅能提升加工的细腻性，使加工面质量更优。

对于某种标称强度为 550 MPa 的 99％瓷的三氧化二铝材料，制成如图 11.16 的强度测试样片。虚线位置如果采用物理的砂轮划片制样，则强度测试结果为 550 MPa ～600 MPa；如果采用二氧化碳激光切割制样，则测试结果为 270 MPa～320 MPa。可以看出同样的材料、同样的尺寸，不同的制样方式得出的强度测试结果差异较大，这足以说明激光加工方式对于三氧化二铝的强度是有影响的。我们有理由认为测出的强度数值是一个平局值，而在激光热影响区域范围内，其强度数值应该更低。

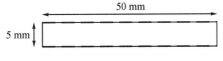

图 11.16　强度测试样片

11.8　组装过程中焊接失效

薄膜电路在组装过程中,经常要经历金丝带的压接、烙铁焊接、回流焊接等过程,这些过程都会对薄膜电路的膜层造成较大影响,同时也能考验薄膜电路耐受组装工艺的能力。其中焊接对膜层影响最大。焊接的范围较为广泛,薄膜电路中的焊接一般指的是熔焊,即通过焊料熔化再凝结的过程,在界面上形成连接。可用于薄膜电路的焊料种类较多,常用的有 SnPb、AuSn、InSn、InSnAg 等,不同焊料或者不同组分会有不同的熔点,常用焊料合金的特性如表 11.3 所示。

表 11.3　常用焊料合金的特性

液态/固态 /(℃)	合金成分	质量密度 /(g/cm³)	使用焊接膜系
118/118	In52Sn48	7.3	NiCr – Ni – Au、TiW – Ni – Au
154/149	In80Pb15Ag5	7.85	NiCr – Au、TiW – Au、NiCr – Ni – Au、TiW – Ni – Au
157/157	In	7.31	NiCr – Au、TiW – Au、NiCr – Ni – Au、TiW – Ni – Au
175/165	In70Pb30	8.19	NiCr – Au、TiW – Au、NiCr – Ni – Au、TiW – Ni – Au
181/173	In60Pb40	8.52	NiCr – Au、TiW – Au、NiCr – Ni – Au、TiW – Ni – Au
183/183	Sn63Pb37	8.40	NiCr – Ni – Au、TiW – Ni – Au
210/184	In50Pb50	8.86	NiCr – Au、TiW – Au、NiCr – Ni – Au、TiW – Ni – Au
280/280	Au80Sn20	14.51	TiW – Au、TiW – Ni – Au
356/356	Au88Ge12	14.67	TiW – Au

以常用的锡铅焊接为例,Sn63Pb37 焊料被广泛用于电子电路的装配过程中,在薄膜电路中,针对不同的应用特点,该焊料的焊接可以分为两类,一类是手工烙铁焊接,另一类是回流焊。焊接问题发生的可能原因如下:

(1)膜层的耐焊接能力不足;

(2)焊接过程温度超标或者时间超标。

膜层的耐焊接能力与膜系结构有非常重要的关系,因此,薄膜电路在制作之初就应该清楚后续的装配条件,选择合适的膜系结构,方能保证耐焊性。

例如在制作好的 NiCr – Ni – Au 和 TiW – Ni – Au 试验片上进行多次反复焊接试验 (Sn63Pb37)。其中 Ni 层厚度为 3000 Å～4000 Å,Au 层厚度为 3 μm,使用智能烙铁 (300℃～320℃)在 NiCr – Ni – Au 薄膜电路上的随机焊盘上进行焊接试验,先对焊盘进行搪锡，控制在 3 秒以内，然后在每个点焊接电阻器，每次 3 秒左右，观察焊后情况，如焊接良好再用烙铁拆除焊好的电阻器。在同一点反复进行上述焊接过程，考查膜层的耐焊性，可知上述的 NiCr-Ni-Au 薄膜电路可以耐受 3 次以上的焊接与拆装，其耐焊性良好。

　　手工烙铁焊接温度一般较高，烙铁温度可以达到 320℃ 左右，可使焊料瞬间熔化，在电路与被焊接器件间形成焊点。手工烙铁焊接焊点对比如图 11.17 所示。

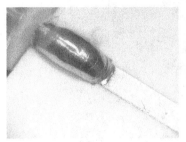 

(a) 焊接良好　　　　　　　　　　　　　　(b) 发生焊接失效

图 11.17　手工烙铁焊接焊点对比图

　　手工烙铁焊接过程需要经过一系列的操作流程，其中包括搪锡、焊接等必要操作。由于薄膜电路一般都是金层覆盖，而焊料一般会快速将金层溶解，如 Sn63Pb37 焊料，溶解金层的速度非常快，所以如果这个过程中温度、时间控制不当，极易造成焊接焊点失效，如图 11.17(b)所示，焊点已经将薄膜电路的金层局部溶解，并漏出了底部膜层，该焊点已经不合格。

　　另外，在金膜层上进行 Sn63Pb37 锡铅焊接时，需要特别注意金层的厚度，膜层和 Sn63Pb37 焊料焊接时，Au 在高温下易和熔融 Sn63Pb37 焊料反应生成脆性的 $AuSn_2$ 甚至 $AuSn_4$，形成 "金脆" 现象，带来焊点易疲劳开裂或者其他长期可靠性等问题。因此，焊接面的金层不能太厚，以防止这种问题的发生。GJB4057 标准规定，用于锡焊的金层厚度不能超过 0.8 μm。但是在薄膜电路中，碍于电性能指标要求，需要膜层的厚度一般会达到 3 μm 以上，有时甚至达到 5 μm，因此需要在锡焊前对膜层进行去金处理，一般多次搪锡、去锡后即可达到去金的效果。在 NiCr-Ni-Au 膜系中，在 3 μm 厚度的金层上搪锡、去锡一次后，然后制作焊点，该焊点经过 -55℃～+125℃ 温度冲击条件的实验后，进行剖切制样效果如图 11.18 所示。焊点与交接面过渡区很窄，仅有少量金锡化合物存在，且没有发生任何失效迹象，该焊点的质量可以满足可靠性要求。

　　薄膜电路的背面往往需要装配到机壳内部，装配的方法较多，有螺接、导电胶粘接、焊片回流焊接等方式，其中焊片回流焊接可靠性最高，但是如果过程中操作不当或者膜层耐焊性不佳，会造成失效危险。

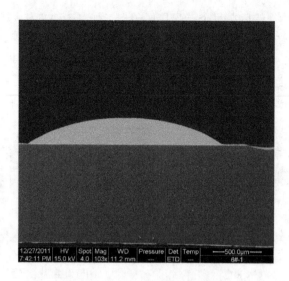

图 11.18　焊点的剖切放大图

　　焊接过程一般需要专用设备完成，焊接效果与温度曲线、抽真空力度、焊接过程表面压块的情况都有关系。如图 11.19(a) 所示，展示了焊接好坏的质量对比，最理想的焊接面在 X 光下观察应该均匀，无针孔、气泡等。在图 11.19(b) 中，焊接面有明显的空洞，这类空洞产生的原因可能有：

　　(1) 薄膜电路片局部耐焊性不好导致焊接局部膜层失效；

　　(2) 焊接过程中助焊剂残留在焊接面导致异常；

　　(3) 焊料没有流入该区域，在该区域没有形成焊接面。

(a) 焊接面质量良好　　　　　　　　　　　　(b) 焊接面局部不良

图 11.19　薄膜电路片在机壳、载片结构件上回流焊后的 X 光照片

　　一般来说电路板需要耐受较长时间的回流焊接过程，因此需要薄膜电路的耐焊层足够厚。一般常用的耐焊膜层有 Cu 和 Ni，其中 Cu 层厚度一般不低于 5 μm，Ni 层厚度一般不

低于 3 μm。如果焊接过程中抽真空时间不够或者配重压块重量、位置选择不正确，非常容易导致助焊剂排除不完全，焊接面存在空洞等现象（由于基片面积太大，自身的重量不足以排除焊接面的助焊剂，压块的作用就是给焊接过程中的基片施加一定的压力，帮助焊接面助焊剂的排除）。一般采用焊片或者焊膏来完成回流焊，如果焊片、焊膏厚度非常薄，若遇上焊接面平面度不好，就容易导致焊锡没有在整个焊接面铺开，造成焊接故障，在薄膜电路中多采用 0.05 mm～0.1 mm 厚度的焊片。

第12章　薄膜微带电路质量检验方法

薄膜电路制作工序较多，需要在多个工序环节进行质量控制，确保最终的产品质量。

12.1　薄膜微带电路质量检验的特点

对于产品加工而言，质量检验是确保交付产品质量满足应用需求的必要手段，而非充分条件。原因在于，质量是设计源头与加工过程共同作用的结果，并非质量检验自身这一过程产生。但是，质量检验又是保证产品质量所必不可少的，因为它是避免不满足质量标准的产品被误交付的重要手段，也是质量体系里的重要关注方面。对于薄膜微带电路而言，质量检验同样是必不可少的，但由于其精细、复杂的加工过程和面向高端应用的特点，其质量检验具有以下几个鲜明的特点：

1. 薄膜微带电路的检验项目具有全面性

从溅射、光刻、电镀到基片打孔、切割的全部工序，都要检验其工序加工质量，检验项目包括膜层色泽、薄膜电阻、膜层厚度、外形尺寸、图形缺陷、线条宽度、金属化孔孔径、膜层附着力、膜层可焊性等，检验对于工序的覆盖做到全覆盖、无漏项。之所以如此，是因为电子产品的应用工况对于薄膜微带电路的质量有严格要求，不能轻易放过任意一个检验项目，必须进行质量检验。这些检验项目都反映出对于薄膜微带电路质量表征的一个侧面。全部检验项目综合起来，反映的是薄膜微带电路制作中每道生产工序的状态是否正常，只有所有的检验项目完成，才能说对于生产状态的确认是完全的。因为，薄膜微带电路的任一个检验项目的确定，都是经过多年的经验积累和严格的标准修订才得到的，这些项目不仅反映出薄膜微带电路在某一个方面满足设计需求的程度高低，更主要的是反映每个工序状态的稳定性。

2. 薄膜微带电路产品检验的严格性

每一片电路、每一处膜层、每一根线条、每一个金属化通孔和非接地管孔等均要经过检验，是真正的100%检验。之所以强调100%检验，是源于薄膜微带电路对于质量的严格控制要求。薄膜微带电路最常应用于高频、高一致性的应用需求和比较严苛的工作环境，如机载、弹载、星载等。电路性能对于电路自身的细微缺陷比较敏感，换言之，电路的质量对于产品的工程应用有着至关重要的作用。例如，同样是线路图形上有缺陷，低频应用中电路性能受到的影响程度不大，而在高频应用中，就很容易造成装配后产品性能的恶化。而缺陷位置处于哪个电路版图部位，缺陷数量的多少，都将决定这个电路能否用于正式产品中。另外，对于同样尺寸、深度的划伤等缺陷，在厚膜电路检验标准中可能是合格的，而对于薄膜微带电路的检验标准来说，就是不可接受的。所以，薄膜微带电路检验的严格性，既体现于检验项目对于产品上各个加工元素的覆盖，也体现在检验准则依据应用需求，相比厚膜电路要高得多的合格水平线。

3. 检验结果的非绝对性或"特殊性"

即使做到了工序检验的 100% 覆盖和产品检验的 100% 覆盖，我们也不能认为，检验结果就能 100% 反映出微带片的质量。原因在于，薄膜微带电路的生产过程是典型的特殊过程，即影响影响工艺过程的因素多，包括人员、设备、材料、工艺方法和环境。并且经历的工序多，往往在十余道工序以上。前道工序的一些质量缺陷如划痕、微孔洞等会因为后续加工的原因被掩盖起来，且最终成品的检验项目不能够完全发现，不能完全反映产品的实际质量。必须将完善的过程控制与严格的质量检验结合起来，才能从根本上保证薄膜微带电路的质量。而且，薄膜微带电路的检验方法与接受准则也不是一成不变的，它会随着薄膜电路应用水平的提高，日益严格。而检验的手段，也会因科技的发展，不断丰富和提升。之前无法检验的指标，可能会因为新的检验方法的出现变得可以检验。而之前因检验手段限制如采用 5 倍手持放大镜，电路图形上发现不了的缺陷，在检验手段改良到采用 45 倍体视显微镜后，会变得昭然若揭。所以，仅仅依靠单纯的检验结果，是不能确保薄膜微带电路的质量的。

此外，薄膜微带电路检验接受准则的确定，是一个复杂且重要的过程。任何一个指标的加严或放松，任何一项检验手段的引入，都是牵一发而动全身的，都会影响到一批甚至多批产品的交付。因此，对于检验标准的条款的制修订，必须要足够慎重。

薄膜微带电路质量检验虽然不能 100% 确保产品的质量，但其真正的意义在于：通过必要的检验和把关，可以把前道工序加工产生的缺陷及时发现并剔除出来，这样就避免了对有缺陷的半成品继续进行后续的加工，既避免了带有隐患的产品流入下一环节，也避免了材料、时间、人力、环境维护、场地、废水废气处理等劳动成本的消耗。这对于生产成本比较高的薄膜微带电路加工而言，显然是非常必要的。

12.2　薄膜微带电路的检验项目

如前所述，薄膜微带电路的检验项目繁多，覆盖全部工序。这里我们将对典型的微波电路产品检验项目进行分析，给读者一个完整的认识。

典型的低噪声放大器等薄膜微带电路，其制作一般会经过溅射、制板、打孔、光刻、电镀、切割、调阻等多个工序，这些工序大多数是串行进行的。为了确保质量，除了需要对电路最终成品进行检验外，还需要进行各工序的过程检验，发现工序不合格品及时剔除，以减少不必要的加工量，更重要的是将前道工序的缺陷提前发现，避免被后道工序掩盖。

以低噪声放大器微带片为例，表 12.1 给出了薄膜微带片产品的主要检验项目列表。

表 12.1　薄膜微带片产品主要检验的项目列表

工序	主要检验项目	检验内容
溅射成膜	膜层外观质量	膜层色泽、颜色均匀性、膜层针孔等
	膜层厚度（或方阻大小）	基板上沉积的膜厚
	膜层与基板间附着力	膜层自基板剥离所需施加的外力大小
制板	图形符合性	板上图形与设计图形的重合度
	图形逻辑关系	正、反图形之间的位置关系
	电阻板质量	电阻位置及数量
	图形清晰度	图形区域和板面空白出的黑白度定性或定量数据
光刻	图形符合性	转移到基片上图形与板图的重合度
	接地质量	金属化孔、边缘的导通电阻
	薄膜套刻质量	薄膜电阻位置和阻值
	膜层表面外观	图形上缺陷尺寸、数量、位置、线宽等
	线条刻蚀质量	是否发生钻蚀、严重侧蚀的现象
	微细线条	线条宽度、线条表面状态
电镀	膜层厚度	图形上局部膜层厚度数据与分布状态
	微细线条电镀质量	线条宽度、线条边缘状态
	膜层外观	膜层色泽、颜色连续性、膜层表面缺陷等
	附着力	镀层与溅射层之间的附着强度
	镀金	金丝、电阻表面浮金是否去除
	孔电阻	孔内壁金属化状态、接地孔导通电阻值
	可焊接性	镀层焊盘可接触焊料的最高允许次数
调阻	薄膜电阻值	调整后薄膜电阻阻值大小
	电阻表面状态	薄膜电阻体表面是否有击穿点、是否氧化痕迹太零散
	电极处划伤情况	薄膜电阻端头处电极图形的完整性，划痕程度与划痕数
	整个产品外观状态	整个电路片外观有无质量问题

工序	主要检验项目	检验内容
打孔、切割	孔径	基片上孔径大小
	基片外形尺寸	基片边缘尺寸的合规性
	金属化孔边缘和基片边缘质量	膜层的完整性，无显著的缺陷或结瘤
	非金属化孔内是否有金属污染	非金属化孔壁有无金属残余

12.3　薄膜微带电路各工序检验准则

薄膜微带电路各工序的检验准则如下。综合成品检验准则均来自于各工序的检验准则，此处不再赘述。

12.3.1　溅射膜层检验

溅射膜层检验主要对象是基板上的溅射膜层。对其进行质量检验，主要是针对膜层自身的质量以及膜层与基板之间的附着程度进行检查。合格的溅射膜层，总体上应满足厚度均匀、与基板附着牢固、颗粒致密、色泽正常等基本要求，具体应按照以下检验标准进行判断：

（1）溅射出的膜层肉眼观察应光亮、致密、无水迹。在 40 倍显微镜下观察，膜层不起皮，不起泡，无明显划痕。

（2）在每批的溅射陪片中任取一片，在片中心和边缘位置各取一处，用单面刀片轻刮膜层表面 3 次～5 次，应感觉光滑有韧性，无"沙沙"声，不易刮出底层。此为定性附着力指标。

（3）采用垂直拉拔法测试附着力，标准测试图形的附着力应大于等于 2 kg/mm^2。

（4）溅射方阻应控制在目标阻值的 55%～90% 之间。

（5）膜层厚度满足设计需求。

（6）膜层针孔数满足后续加工需求。

12.3.2　制板检验

制板检验主要是检查板的质量是否满足无失真的设计图形转移要求，检验项目包括图形的完整性、线宽与间距的尺寸、透光/不透光区域的正确性，以及图形的亮暗对比度等。具体按照以下检验标准进行判断：

（1）负胶板，要求图形部位为透光区；正胶板，要求图形区域不透光。

（2）检查图像成像质量及板面的缺陷，原则上，掩膜板的图形边缘应清晰锐利，整齐无毛刺，黑白分明。透光区内无不透光小岛，黑区无漏光针孔，板面无划痕等缺陷。

（3）测量线宽精度是否满足设计要求。

（4）掩膜板线条的几何尺寸要求公差，精度优于±0.001 mm。

（5）带线板应按照上述条款进行检验。对于电阻板，图形部位的质量要求可相对降低，重点检验电阻的位置和数量是否正确。

12.3.3　光刻检验

光刻检验主要是检查光刻后图形的质量是否满足 100％ 无失真地从制板图形向实际产品图形的转移，包括图形的正确性与完整性、缺陷的多少与尺寸是否满足标准、线宽与间距的尺寸与误差等。具体按照以下检验标准进行判断：

（1）非图形部分、侧面非接地部位应腐蚀干净，非接地孔内无金属膜层。金属化孔和边缘接地部位的金属膜层应连续完好。

（2）图形、线条边缘应整齐，微细线条无桥连，无明显划伤，无明显缺损等现象。如果图形线条上有缺陷，则该缺陷不得超出线宽的 1/4。

（3）检查光刻后图形，应无钻蚀、侧蚀现象。电阻表面无钻蚀、电极无划伤。

（4）测量薄膜电阻阻值，应在设计值的 55％～90％ 范围内。

（5）接地孔和接地部位的金属膜层应连续、完好；用万用表 200 Ω 挡位或者毫欧计测光刻后接地电阻应小于 5 Ω；带线之间，带线与地之间，装管子孔的正背面之间的电阻应大于等于 100 MΩ。

（6）光刻后基片正、反表面应无残余光刻胶。

12.3.4　镀金检验

镀金检验主要是检查镀金后图形的质量是否满足设计需求，包括膜层厚度与图形的正确性与完整性、缺陷的多少与尺寸是否满足标准、线宽与间距的尺寸与误差以及镀后接地电阻的大小等。具体按照以下检验标准进行判断：

（1）检查需要电镀的电路图形的金层是否都已电镀加厚，不允许有图形漏镀现象。

（2）金镀层应呈金黄色，且均匀、光亮、致密，不露底层或中间层；不应有起皮、起泡、瑕点、凸起、针孔、麻坑、烧焦痕迹、多余的边缘沉积物和其他有害的缺陷。所有压焊工艺线、电阻表面浮金应去掉。

（3）对于电镀后膜层厚度测量，厚度均匀性应优于±1 μm 或厚度的±20％，取最小值。

（4）镀后接地孔或接地边缘处，使用毫欧计进行接地电阻测量，电阻应不大于 50 mΩ。

12.3.5　调阻检验

调阻检验主要是检查进行薄膜电阻调阻操作后，薄膜电阻上的质量能否满足设计与工艺需求，包括阻值准确数据、电阻本体与接触的电极膜层的损伤程度、薄膜电阻表面色泽等。具体按照以下检验标准进行判断：

（1）观察调阻后电阻体表面状态，应色泽均匀无缺陷。

（2）测量调阻后的电阻阻值，阻值应符合要求。

（3）阳极氧化调阻、化学减薄调阻的电阻表面损伤点直径应小于线条宽度和长度的 $1/4 \sim 1/6$。

（4）L 线激光调阻，允许宽度小于 35 μm 的激光刻痕，长度不应超过薄膜电阻体的一半宽度（即垂直于电流方向的刻痕不能超过电阻体宽度的一半）。

（5）扫描线激光调阻，激光刻痕不允许划伤电极金层。损伤电阻区域不应超过薄膜电阻体的一半宽度。

12.3.6　打孔、切割检验

打孔、切割检验主要是检查薄膜微带电路，进行激光打孔与切割（包括砂轮划切）后基板自身质量是否满足设计需求，检验的具体项目包括电路外形尺寸，打孔坐标，孔径与数量与图形的正确性，打孔与切割的边缘外观须完整、光滑，以利于后续组装过程。具体按照以下检验标准进行判断：

（1）外观检测不应出现明显崩瓷或任何形式的裂纹。

（2）孔中心位置偏离允差为 ±0.15 mm。可采用影像测量仪测量孔之间中心位置偏差。

（3）对于装配孔的孔径尺寸检测。在没有进行孔金属化前，孔径大小测量可采用相同直径的合金钢钻头探入孔内，紧密配合的为孔径满足要求，探不进去或能宽松转动，则说明孔径大小不满足要求。

（4）对于金属化孔的孔径检测。该类孔对于孔径精度要求不高，主要目的是为了连通薄膜基板的正反面，因此可以采用对比检测或者影像测量的方式。

（5）外形尺寸检测可采用游标卡尺完成。一般来说薄膜电路板都作为内装配件使用，要求负工差为 −0.05 mm～0 mm。

（6）打孔与切割的边缘外观，须完整、光滑、陡直，同时边缘状态应满足后续组装过程操作需求。

12.4　薄膜微带电路的检验方法探讨

上一节提出了薄膜微带电路片加工的各工序的检验准则。这些检验准则都是采用某种检验方法，经过长期实践而确定的。在选定一种检验方法之前，我们需要对不同检验方法的原理和各自的优缺点做对比分析，不同的检验方法，没有绝对的好或者不好，必须选择适合自己的。下面是对薄膜微带电路片常用检验方法的分析探讨。

12.4.1　膜层厚度的检验方法探讨

膜层厚度的检验方法分为两大类，一类为接触式，一类为非接触式。接触式的膜厚测试方法主要采用轮廓仪（台阶仪），通过程序驱动一个尖端在微米尺度的微小探针，以毫克级别的接触力从膜层图形一侧的基板表面划过，越过图形的表面，再在图形的另一侧结束。通过精密的传感器系统和反馈系统，将接触反映出的高低变化转化为一个个测量数据，形成测量曲线。接触式膜层测试的优点是测量分辨率高，可以感知埃级的变化，并且不会因膜层性质的变化而出现大的偏差，适用于任何金属、非金属膜层。

非接触式的膜厚测试方法则是基于荧光 X 射线探测的原理。金属物质经 X 射线或粒子射线照射后，由于吸收多余的能量而变成不稳定的状态。从不稳定状态要回到稳定状态，此物质必须要释放出那些多余的能量，而此时是以二次荧光或光的形态被释放出来。台式的荧光 X 射线膜厚测试仪，就是通过计算一次 X 射线穿透金属元素样品时产生低能量的光子或二次荧光的能量来计算厚度值。荧光 X 射线测厚仪可以检测多种膜层厚度，如镀金、镀镍、镀铜、镀铬、镍锌、镀银、镀钯等，可测单层、双层、多层、合金镀层，最适合检测微米级厚度的膜层。由于是非接触，对于膜层没有影响，同时也不需要制作出图形，测量过程比较简便。缺点是相比台阶仪，这种测量精度较低，一般为 $\pm 5\%$。因此，要测试一种新的膜层结构的厚度，还需要购置专用的测试校准样片。

综合上述分析，可以看出，接触式和非接触式测厚检验方法，各有其优缺点，不能简单判断哪一种更为先进。特别是对于薄膜微带电路的厚度检验来说，需要测试的膜厚既包括单层几百埃的溅射层厚度，也包括几微米的镀金、镀铜层厚度，材料也多种多样，对于膜厚测量而言，分辨率、精度和操作的便利性、应用的广泛性都要兼顾。所以要综合考虑，根据不同生产线的状态和产品的质量控制需求，如测量频次、测试成本等，各个企业可以做出自己的选择。

12.4.2　膜层附着力的检验方法探讨

膜层附着力，是表征薄膜微带电路的膜层与基板之间以及膜层与膜层之间的附着牢固程度。关于膜层附着力的检验方法，业内已经研究了多年，但至今并没有哪一种附着力检验方法能满足各种应用工况而得到各方面的认可，不同的应用条件都有自己确定的检验方法，不同的检验方法可以相互借鉴，但无法互相取代。

1. 薄膜微带电路的定量检验方法

从宏观上划分，常见的膜层附着力检验方法可以分为定量法和定性法两类，而定量法又可分为垂直拉拔法、划痕声学检测法、键合拉脱法，这些方法可以获得确定的附着力数值，但不同方法得到的数据很难互相转化。从测试机理上看，垂直拉拔法与键合拉脱法类似，都是在膜层上制作垂直于基板的加力媒质，如金属丝或金丝、金带，采用垂直于基板方向向上的拉力将膜层从基板拉起，观察膜层脱落时的拉脱力数值。不同之处在于，垂直拉拔法需采用粘接或焊接方法将拉力施加媒质固定在膜层表面，具体是采用粘接或是焊接要看膜层是适合焊接的耐焊接膜系结构，还是仅适合键合操作的膜层结构。

划痕测量法的实质，是把具有小曲率半径端头的硬质针（金刚石等制成）与薄膜表面接触，通过加力划伤薄膜来测量附着力，如图 12.1 所示。对测量针逐渐加大载荷，恰好使薄膜从基片上剥离下来即膜层破裂的载荷，被看做是附着力。这种测量方法由于需要判断薄膜是否从基片上剥离，基片是否暴露出来，因此只适用于基片为玻璃的情况（使用显微镜，根据透射光透射程度进行检测）。但是，若用扫描电子显微镜观察划痕像时，即使基片是金属，也可以判断薄膜是否剥离。另外，若基片为金属，薄膜为在性质和颜色上均与基片相同的塑料等材料时，用光学显微镜也可以判断膜是否剥离。最后说明一点，划痕测试法最适合于硬质、延展性不强的材料，如钽、钨、合金等，金、铜等有较强延展性的材料并不适用。

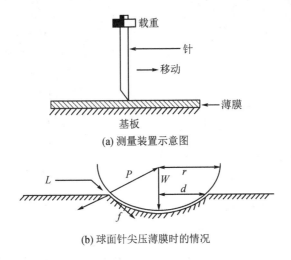

(a) 测量装置示意图

(b) 球面针尖压薄膜时的情况

图 12.1　划痕测量附着力原理

使用这种测量方法，很少会在某一临界载荷下使薄膜完全剥离，因此测量的载荷意义是不确切的，但这一测量方法有以下几个优点：

（1）容易按比例制造出测量装置；

（2）能在小薄膜区域内或用试样很好地完成测量；

（3）对于不能用粘接剂测量大附着力的试样，可用本方法测量出附着力（但在附着力很大时，即使将玻璃片划出裂纹，也不能测出附着力）。

2. 薄膜微带电路的定性检验方法

定性检验膜层附着力的方法，又可分为胶带粘拉法、划割法、刀片挑刮法、热震法等。其本质是，通过一些得到认可的定性检查方法，反映膜层的真实附着力。在实际生产实践中，往往采用定性检验方法，来获得快速、低成本的附着力控制，一般选用胶带粘拉法或刀片挑刮法。

胶带粘拉法，一般是采用业内通常认可的 SCOTCH 品牌赛璐璐胶带或其他等效产品（粘合强度为 $2 \text{ N/cm}^2 \sim 10 \text{ N/cm}^2$ 的聚酯胶带），这种方法是把测试胶带等用手指压实在膜面上，使它与膜面粘接，沿几乎与膜面平行方向牵引透明胶带一端，使薄膜剥离。快速牵引时，薄膜很容易脱落。该方法的不足之处在于仅适于小附着力测量。其优点是可以简单、迅速处理多量试样。该方法用做预测附着力有相当高的使用价值。图 12.2(a)、图 12.2(b)是胶带粘拉法实施后的金层表面图片。图 12.2(b)显示金层略有损伤，但不严重。

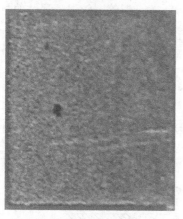 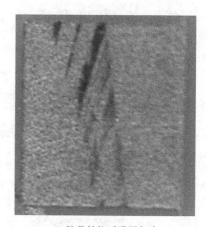

(a) 胶带粘拉后膜层良好　　　　　　　　(b) 胶带粘拉后膜层起皮

图 12.2　胶带粘拉后膜层表面

刀片挑刮法，是很多生产线检验人员都在使用的一种快速、有效的定性附着力检验方法。具体做法是，在制作出的图形边角处，用单、双面刀片或手术刀片，以约 45°从图形边缘下方向上挑起。一般挑刮 3 次，如出现金层或下方附着层轻易被挑落，则说明膜层附着力较差。图 12.3(a)显示了附着力良好的图形，经刀片边缘挑刮后，金层只是被削掉了表面一层，底部图形轮廓仍是整齐的；图 12.3(b)显示了附着力较差的图形，经刀片边缘挑刮后，出现了局部脱落，线条不整齐的情况。

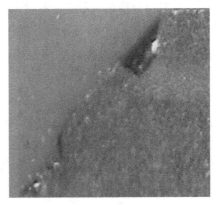

(a) 挑刮后边缘良好情况   (b) 挑刮后边缘脱落不齐情况

图 12.3 刀片挑刮膜层图示

12.4.3 图形质量的检验方法探讨

薄膜微带电路片的图形质量检验，又称为外观检验，检验的对象是基板上制作的电路图形以及基板自身表面的质量，以发现电路图形和基板外形加工过程中产生的各种缺陷为主要任务，并以最大限度地避免图形缺陷的漏检和误检为目的。薄膜微带电路片图形质量的检验方法，分为人工镜检和设备自动光学检验两种方式，这两种方式的目的没有差别，只是手段和工具有较大差异。

人工镜检是依靠人眼通过显微镜镜头的观察来确定缺陷的大小、数量的多少以及是否超出可接受标准。虽然规定了显微镜的倍数，也明确了各种划痕、缺陷、图形突出、裂纹等不合格项目的接受标准，但是，由于人的检验经验的差异、技能水平的高低和工作责任心等因素。因此人工镜检的一致性不高，因认识水平高低不同导致的误检和漏检也存在一定的可能性。

设备自动光学检验，又叫 AOI(Auto Optical Inspection)，一般是将电路 CAD 图形导入检验设备，将 CAD 图形作为检验的依据，借助细致的编程，对待检测产品图形外观进行观察和拍照，来判断图形的符合性、图形精度、孔位及数量以及其他外观指标是否满足交付要求。在编程无误的情况下，50.8 mm×50.8 mm 范围内的电路外观检验可以在几分钟内完成。但是，首次编程需要花费一定的时间，并且要事先建立一套准确的检验判定准则。

有的自动检验设备还需要将一幅质量近乎完美的电路图片作为检验的依据。由于是按照唯一的 CAD 图形作为标准依据编程，因此设备自动检验可以做到无漏检，但是无法避免误检。因为，在设备自动检验过程中，可能会因为色彩的接近，或缺陷的尺寸过小，造成机器误判，也就是把合格的产品误判称为不合格的产品。

综合对比上述两种图形质量的检验方法，可以看出，手工镜检具有操作简便的特点，对于种类较多、数量较少的生产模式，效率比较高，但会因为人员技能和经验的不同，造成检验的一致性不高，存在一定误检率。而自动光学检验，适合于种类少，批量大的生产模式，可以达到很低的误检率，但需要比较熟练的编程和完善、细致的检验规则。

薄膜微带电路制作工艺属于特种工艺，表征它质量的许多指标都难以在产品制成以后进行检测，或者说对其许多指标的检测都带有破坏性，因此，生产过程中的控制、检验及工艺方法非常重要。上述的多种考核过程的引入，虽然会给生产周期带来影响，但是综合而言，在生产过程中加强控制与质量考核，所带来的质量成本远低于后期应用过程中故障带来的质量成本。所以，薄膜微带电路的制作过程中必须有其相应的质量控制办法，本章所述的仅是较为基本的检验项目，具体的检验标准细节和操作方法，也仅是针对特定生产线和产品确定的典型方法。具体到某一个特定行业或产品应用背景，应根据生产线情况和产品特点制定有效的检验方法。

参 考 文 献

［1］　麻蒔立男. 薄膜作成の基礎(第三版). 東京：日刊工業新聞社，1996.

［2］　曲喜新等. 电子薄膜材料. 北京：科学出版社，1997.

［3］　杨邦朝，王文生. 薄膜物理与技术. 成都：电子科技大学出版社，1994.

［4］　陈国平等. 薄膜物理与技术. 南京：东南大学出版社，1993.

［5］　郑伟涛. 薄膜材料与薄膜技术. 北京：化学工业出版社，2004.

［6］　李军建，王小菊. 真空技术. 北京：国防工业出版社，2014.

［7］　田民波. 薄膜技术与薄膜材料. 北京：清华大学出版社，2006.

［8］　李晓干等. 半导体薄膜技术基础. 北京：电子工业出版社，2018.

［9］　张济忠等. 现代薄膜技术. 北京：冶金工业出版社，2009.

［10］　吴自勤，王兵. 薄膜生长. 北京：科学出版社，2013.

［11］　蔡珣等. 现代薄膜材料与技术. 上海：华东理工大学出版社，2007.

［12］　郑福元等. 厚薄膜混合集成电路. 北京：科学出版社，1984.

［13］　薛正辉等. 微波固态电路. 北京：电子工业出版社，2015.

［14］　谢小强等. 微波集成电路. 北京：电子工业出版社，2018.

［15］　王子宇等. 微波技术基础. 北京：北京大学出版社，2013.

［16］　JAMES J. Hybrid Microcircuit Technology Handbook. Minnesota：Noyes Publications.

［17］　LICARI J J. Hybrid Thin-Film Processing Enters A New Era. Electronic Packaging and Production，1989.

［18］　MESSNER G, et al. Thin-film Multichip Modules, Intenational Society for Hybrid Microelectronics，Reston，VA，1992.

［19］　BUNSHAH R Ed. Handbook of Deposition Technologies for Film and Coating. Minnesota：Noyes，Publications，1994.

［20］　JEROME J. Handbook of Ion Beam Processing Technology：Principles，Depostion，Film Modifica. Minnesota：Noyes Publications.